Sung-Hee Lee

Interkulturelles Asienmanagement Indonesien, Malaysia, Singapur

W0012692

Dr. Sung-Hee Lee

Interkulturelles Asienmanagement Indonesien, Malaysia, Singapur

expert Taschenbuch Nr. 99

Bibliografische Information Der Deutschen Bibliothek

Die Deutsche Bibliothek verzeichnet diese Publikation
in der Deutschen Nationalbibliografie;
detaillierte bibliografische Daten sind im Internet über
http://dnb.ddb.de abrufbar.

Bibliographic Information published by Die Deutsche Bibliothek

Die Deutsche Bibliothek lists this Publication
in the Deutsche Nationalbibliografie;
detailed bibliographic data is available in the Internet at
http://dnb.ddb.de .

ISBN 978-3-8169-2666-5

© 2007 by expert verlag, Wankelstr. 13, D-71272 Renningen
Tel.: +49(0)7159-9265-0, Fax +49(0)7159-9265-20
E-Mail: expert@expertverlag.de, Internet: www.expertverlag.de
Printed in Germany

Im 21. Jahrhundert wird der asiatische Kontinent den Ton angeben und in der globalisierten Weltwirtschaft eine führende Rolle einnehmen.

Neben den Weltmächten China, Japan und Indien sind in Asien weitere wichtige Wirtschaftsnationen (Korea, Taiwan und Singapur) zu finden. Zudem machen sich Staaten wie Indonesien, Malaysia und Thailand auf den Weg zum mustergültigen Schwellenland mit Vorzeigecharakter.

Das kräftige Wachstum in den asiatischen Ländern ist am BIP-Anstieg deutlich zu erkennen: Nach Angaben der Asiatischen Entwicklungsbank (ADB) wird das Bruttoinlandsprodukt 2006 um 7,2 Prozent (ohne Japan) wachsen und 2007 nochmals um 7,0 Prozent. Ähnliche Prognosen für Asien äußerten nahezu zeitgleich die ADB, der Internationale Währungsfonds (IWF), die Weltbank und die Vereinten Nationen (UN). Aufgrund des drohenden jahrelangen Stillstands der mulilateralen Liberalisierung des Welthandels forciert die Staatengemeinschaft in Asien besonders die bilateralen und regionalen Handelsabkommen. Asiatische Länder rücken so immer mehr wirtschaftlich zusammen: Sie verstärken die finanzpolitische Kooperation beispielsweise in regionalen Währungsfonds, in der Arbeit der Asiatischen Entwicklungsbank und in einer Freihandelszone.

Die zehn ASEAN Mitgliederländer (Association of Southeast Asian Nations seit 1967: Brunei, Indonesien, Malaysia, die Philippinen, Singapur, Thailand, Vietnam, Myanmar/Burma, Laos, Kambodscha) versuchen seit der Asientagung im Dezember 2005 in Kuala Lumpur, Länder wie China, Japan, Korea und Indien – auch Australien und Neuseeland – für eine weitreichende engere Kooperation zu gewinnen.

Zudem bemühen sich die 21 APEC Mitgliederländer (Asia Pacific Economic Cooperation), zu denen seit 1989 Australien, Brunei, Chile, China/Hongkong, Indonesien, Japan, Kanada, Malaysia, Mexiko, Neuseeland, Papua-Neuguinea, Peru, die Philippinen, Russland, Singapur, Südkorea, Taiwan, Thailand, die USA und Vietnam gehören, um ein Freihandelsabkommen (FTA), das Zusammenwachsen in der Asien-Pazifik-Region zu fördern.

Asiatische Länder profitieren vom gewaltigen Wirtschaftswachstum Chinas. China bietet seine Hilfe den südostasiatischen Nachbarländern wie Thailand, Laos, Myanmar oder Kambodscha beim Aufbau der Infrastruktur an, und viele chinesische Unternehmen verlagern aufgrund der niedrigen Herstellungskosten und des Absatzmarktes ihre Produktionsstätten in die Nachbarländer. Dennoch möchten diese Länder zusätzliche Partner für die wirtschaftliche Zusammenarbeit finden, damit sie der wirtschaftlichen Übermacht Chinas nicht ganz ausgeliefert sind. Sie bieten dafür einen nicht zu unterschätzenden Absatzmarkt z. B. für Fahrzeuge an, und sie benötigen westliche Technologie und Know-how wie beispielsweise im Bereich der Umwelttechnik.

Viele ausländische Unternehmen, die sich in China erfolglos bzw. erfolgreich engagiert haben, suchen auch einen weiteren bzw. einen alternativen Investitionsstandort zu China: Dieser sollte verlässliche Rechtssicherheit für unternehmerische Aktivitäten bieten und politische Stabilität aufweisen. Für die F&E sollte dieser öffentliche Unterstützung und eine funktionierende Infrastruktur gewährleisten können. Die Investitionsrahmenbedingungen sollten sich nicht durch irgendwelche staatliche bzw. personenbedingte Willkür nach Belieben verändern. Zudem sollte es möglich sein, gut ausgebildete, aber bezahlbare Mitarbeiter zu finden. Der Zugang zu den asiatischen Absatzmärkten sollte vom Standort aus erreichbar sein ebenso der zum schnell wachsenden indischen Subkontinent. All diese Voraussetzungen erfüllen Indonesien, Malaysia und Singapur.

Die vorliegende Arbeit soll einen Beitrag dazu leisten, europäischen Investoren den Weg für geschäftliche Vorhaben in Indonesien, Malaysia und Singapur zu erleichtern und ihnen aufzuzeigen, was im Wesentlichen aus interkultureller Sicht zu beachten ist.

Zunächst werden die grundlegenden Merkmale von Indonesien, Malaysia und Singapur ausführlich beschrieben, um die unterschiedlichen kulturellen, gesellschaftlichen und sozialen Eigenschaften sowie die jeweilige Mentalität zu verdeutlichen. Dabei werden besonders solche Aspekte, die von europäischen Investoren bei der Vorbereitung unterschätzt und oft deshalb übersehen werden, hervorgehoben, und mit vielen Fallbeispielen wird auf die vielseitige Bedeutung solcher Gesichtspunkte hingewiesen. Dann folgt eine detaillierte Darstellung der verschiedenen und unterschiedlichen Aspekte bezogen auf länderspezifische Verhandlungsweisen und das Management. Hierbei wird besonders auf die möglichen bzw. häufig vorkommenden Fehlerquellen aufmerksam gemacht. Schließlich werden viele „kleine" praktische Empfehlungen hinsichtlich der „situativ-richtigen" Verhaltensweisen und der geschäftlichen Entscheidungsfindung zusammengefasst erläutert.

Im meinen Buch „Asiengeschäfte mit Erfolg" (1997, Springer Verlag) habe ich den Schwerpunkt auf die allgemeine Einführung in die Asiengeschäfte mit Leitfaden und Checklisten gesetzt. Darauf aufbauend folgten weitere länderspezifische Bücher („Interkulturelles Asienmanagement China – Hongkong" und „Interkulturelles Asienmanagement Japan – Korea" 2004, Expert Verlag) und das vorliegende Buch. Die Schwerpunkte dieses Buches sind eindeutig auf die länderspezifischen und interkulturellen Inhalte fokussiert und mit vielen Fallbeispielen unterlegt.

In meinen länderbezogenen Seminaren (www.asienseminar.de) werden anhand vieler aktueller Fallbeispiele die Besonderheiten, Probleme und Schwierigkeiten im betrieblichen Alltag in Asien thematisiert. Es werden die neuesten interkulturellen Informationen anschaulich dargeboten und die Grundlagen der Business-Etikette konkret vermittelt.

Dr. Sung-Hee Lee-Bollschweiler

Inhaltsverzeichnis

Indonesien

1 Land und Leute

1.1 Land des tausendjährigen Lächelns

Indonesien liegt im Indischen Ozean und besteht aus ca. 14 000 Inseln, wovon 4 000 bis 7000 bewohnt sind, d. h. das Land erstreckt sich von Westen nach Osten über 5000 Kilometer und von Norden nach Süden über 2000 Kilometer. Die Fläche Indonesiens (1 912 988 Quadratkilometer) ist sechsmal so groß wie Deutschland. Indonesien ist das größte Inselreich der Welt. Die größten und wichtigen Inseln sind Java, Sumatra, Kalimantan, die Molukken, Sulawesi und West-Papua (Irian Jaya). Die bekannteste Insel Indonesiens ist die Insel Bali, eine Touristen-Hochburg. Das Klima Indonesiens lässt sich durch die Trockenzeit und die Regenzeit kennzeichnen: Erstere zwischen April bis September und letztere zwischen Oktober bis März.

In Indonesien leben mehr als 240 Millionen Menschen (gemessen an der Bevölkerung, handelt es sich um das viertgrößte Land der Erde); es besteht aus über 300 ethnischen Gruppen, weshalb man oft Indonesien als „Völkermuseum" betitelt (vgl. Kap.1.5): Die meisten von ihnen sind malaiischer Herkunft. Die Völkergruppen teilen sich in Javaner (41,7% – die politisch dominierende Gruppe), Sundanesen (15,4%), die Ureinwohner, Malaien (3,4%), Batak (3%) und Chinesen (0.9%) auf.

Nahezu 90 Prozent der Bevölkerung leben auf dem Lande. Mehr als 88 Prozent der indonesischen Bevölkerung (213 Millionen) sind muslimisch, und das Land ist somit die größte islamische Nation der Erde (vgl. Kap.1.4). Die Religionsfreiheit ist gegeben, und etwa 8,9 Prozent der Indonesier bekennen sich zum Christentum (5,9% evangelisch, 3% römisch-katholisch); Eine Million ist buddhistisch, und 1,5 Millionen sind hinduistisch (nur auf die Insel Java konzentriert).

Die Hauptstadt ist Jakarta auf der Insel Java (mit 15 Millionen Einwohnern), und die Währung heißt Rupiah (RP). In Indonesien wird die Amtssprache Bahasa Indonesia gesprochen, was den Indonesiern mit mehr als 360 Sprachen und Dialekten die Kommunikation untereinander erleichtert und was die nationale Einheit letztlich ermöglicht hat. Aber die Geschäftssprache ist Englisch.

Das Land ist reich an Rohstoffen und Bodenschätzen, und im Jahr gibt es dank der hohen Fruchtbarkeit des Bodens zwei bis drei Mal eine Reisernte. Aus jenen Gründen weckte Indonesien schon früher Begehrlichkeiten bei China und Japan.

Die Wirtschaftsstruktur konzentriert sich mit mehr als einem Drittel der Wirtschaftsleistung auf die verarbeitende Industrie, bestehend aus Energie (30%) und Bauwirtschaft (6%), gefolgt von Finanz- und sonstige Dienstleistungen, die 18 Prozent an der Gesamtleistung ausmachen, sowie die Landwirtschaft, den Handel und das Gastgewerbe, die jeweils 16 Prozent erreichen.

Ein Wort zur Nationalflagge und zum Staatswappen (vgl. Kap.3.6): Die Nationalflagge Indonesiens hat eine zweifarbige Teilung: Die obere rote Hälfte symbolisiert die Freiheit und den Mut, wohingegen der untere weiße Teil für die Gerechtigkeit und die Aufrichtigkeit steht. Das Staatswappen trägt einen mythischen Vogel, der an seinen Krallen einen Schild mit der Inschrift „BHINEKA TUNGGAL IKA" (was übersetzt „die Einheit in der Vielfalt" bedeutet) umklammert. Dieser Vogel steht für den Unabhängigkeitstag Indonesiens (17.08.1945) und versinnbildlicht die fünf Staatsprinzipien „pancasila" mit den jeweiligen Symbolen: Glaube an den einen höchsten Gott (Stern), Nationalismus (Büffelkopf), Demokratie (Banyan-Baum), Humanität (Kette) und soziale Gerechtigkeit (Baumwollzweig).

1.2 Geschichtliche Entwicklung

Die Landesgeschichte begann, als in den vorchristlichen Jahrhunderten Kaufleute und Priester aus Vorderindien in Indonesien den Kult indischer Gottheiten (Shivas) und den Buddhismus einführten. Die in den ersten Jahrhunderten nach Christus entstandenen Reiche entwickelten sich im 7. Jahrhundert zu dem auf Sumatra gegründeten Großreich Sriwidjaja als indonesischer Vormacht. Ab dem 9. Jahrhunderten verlagerte sich der politische Schwerpunkt mehr und mehr auf die Insel Java. Als erste Europäer gründeten Portugiesen (1512) Handelsniederlassungen auf Nord-Sumatra, Timor und den Molukken. Im Jahre 1596 kamen die Niederländer und gründeten 1602 die erste Handelsniederlassung und 1619 die Stadt Batavia (Jakarta) und somit begann die rund 350 Jahre lange niederländische Kolonialzeit, von der Indonesien erst 1945 loskam. Die Japaner besetzten zwischen 1942 und 1945 einen Teil von Indonesien, und die faktische Unabhängigkeit bekam die Indonesier durch die Vermittlung der UNO erst 1949. Aber die Indonesier feiern als den Unabhängigkeitstag den 17. August 1945, als der erste indonesi-

sche Präsident Sukarno das Land als Republik ausgerufen hatte. Es
folgte dann der 18 Jahre dauernde Bürgerkrieg. Im Jahre 1968 wurde
West Papua (Irian Jaya), das von der Fläche her größer als Deutschland
ist, durch Indonesien zwangsannektiert, was die Weltgemeinschaft bis
heute nicht anerkannt hat. Seit Mai 2005 bemüht sich West Papua, sein
rohstoffreiches Land (Öl, Gas, Gold, Kupfer) in die Unabhängigkeit
nach dem Vorbild Ost-Timors zu führen. Nach der Unabhängigkeit begann die 32 Jahre andauernde diktatorische Herrschaft Suhartos, der
sein Land bis zu seinem erzwungenen Rücktritt im Mai 1998 unter-
drückte und ausbeutete. Diese wechselhafte Geschichte mit einer Vielzahl von fremden Kultureinflüssen hat die indonesische Kultur geprägt.
Dann begann die zaghafte Demokratisierung des Landes. Nach dem Re-
ferendum wurde im August 1999 Ost-Timor (das 1975 zwangsannek-
tierte, zur 27. Provinz Indonesiens erklärte Land) in die Unabhängigkeit
entlassen. Indonesien ist präsidialpolitisch organisiert und besteht aus
26 Provinzen.
Eine Besonderheit des indonesischen politischen Systems ist zu erwähnen, nämlich die Rolle des Militärs. Von der indonesischen Verfassung
bevollmächtigt, erfüllt das Militär zwei Aufgaben: die erste ist die Lan-
desverteidigung und der Aufbau der Nation. Die zweite umfasst alle
Gesellschaftssysteme des Landes, d. h. das Militär interveniert in Politik, Wirtschaft, Kultur, Gesellschaft, Verwaltung, der Provinzregierung
und in allen anderen gesellschaftspolitisch wichtigen Organisationen.
Besonders häufig findet man Militärangehörige, auch ehemalige, auf
der mittleren und bis hin zur oberen Führungsebene: sie waren bzw.
sind z. B. als Minister, Provinzgouverneure, Botschafter, Vorstandsvorsitzende staatlicher Unternehmen und Beamte im höheren Dienst tätig.
Weil das Militär eine immens wichtige, einflussreiche Rolle in Indonesien spielt (vgl. Kap.3.6), ist es für ausländische Investoren und Manager empfehlenswert, mit Militärangehörigen gute Kontakte zu unterhalten (vgl. Kap.4.1.2.1).

1.3   Wirtschaftliche Entwicklung

Wirtschaftlich gesehen hat das Land die Asienkrise 1997 einigermaßen
gut überstanden. Es versucht trotz vieler Schwierigkeiten (Korruption,
Vetternwirtschaft, Armut, Bevölkerungswachstum, separatistische Bewegungen auf einigen Inseln, Tsunami-Katastrophen im Jahre 2004 und
2006), zu dem einstigen Status, ein Mekka der Investoren in Südostasien zu sein, zurückzugelangen. 2003 konnte Indonesien aus eigener
Kraft das Hilfsprogramm des Internationalen Währungsfonds verlassen.

Seit Oktober 2004 regiert der erste direkt gewählte Präsident des Landes Susilo Bambang Yudhoyono, der in seiner Heimat nur SBY genannt wird. Er versucht, den wirtschaftlichen Aufschwung zu stärken, mehr ausländische Investoren wieder ins Land zu holen und das Vertrauen der eigenen Bevölkerung zu gewinnen. Der Präsident betrachtet seit November 2006 die Wirtschaftspolitik als Chefsache und legt großen Wert auf die Verantwortlichkeit.

Die Zentralregierung will der Volkswirtschaft mit einer deutlichen Erhöhung der öffentlichen Ausgaben bzw. der staatlichen Investitionen in Bildung, Gesundheit und Infrastruktur zum Wachstum verhelfen. Mit diesem Vorhaben will die Regierung die hohe Arbeitslosigkeit und die Kaufkraftschwäche effektiv bekämpfen, die aufgrund des niedrigeren Einkommens entstanden ist. Bei diesen Maßnahmen will die Regierung zugleich gegen die Korruptionsanfälligkeit des öffentlichen Dienstes drastisch vorgehen. Denn die Korruption gilt als eines der größten Investitionshindernisse in Indonesien und ist verantwortlich für den schlechten Ruf des Landes im internationalen Vergleich. Als eine weitere Maßnahme für die Ankurbelung der Wirtschaft unternahm Indonesien 2006 mehrmals Zinssenkungen, was sich gegen den weltweiten Trend steigender Leitzinsen stemmte. Damit versucht die Zentralregierung effektiv, den Wechselkurs stabil zu halten und die Inflation erfolgreich einzudämmen.

Indonesien bleibt weiterhin ein attraktiver Investitionsstandort und lukrativer Absatzmarkt für die europäische Wirtschaft. Denn das Land gilt nach wie vor als Billiglohnland mit liberalen politischen und wirtschaftlichen Bedingungen für ausländische Kapitalanleger und als bevölkerungs- und ressourcenreicher Markt. Und das Land strengt sich an, gegenüber anderen konkurrierenden Nachbarländern wie China oder Vietnam Standortvorteile bieten zu können. Die Regierung unterstützt schwerpunktmäßig den Ausbau des sekundären Sektors als Motor der Wirtschaft: Die von Klein- und mittelständischen Unternehmen beherrschte Verarbeitungsindustrie, in der vor allem Nahrungs- und Genussmittelindustrie, Metall- und Holzverarbeitung sowie Textil- und Lederverarbeitung vorzufinden sind, entwickelt sich dynamisch und schafft dringend benötigte Arbeitsplätze. Jährlich strömen 2,5 Millionen Menschen neu auf den Arbeitsmarkt. Indonesien steht kurz davor, die Malaysier als den weltweit größten Produzenten von Palmöl abzulösen. Die Plantagen werden in Indonesien aufgrund des wirtschaftlichen Erfolges der Ölbauern rasch ausgedehnt, so dass die Umweltschützer seit langem gegen die zunehmende Monokultur und das Abholzen des Tropenwaldes protestieren. Dies geschieht besonders in den Provinzen Ka-

limantan und Sumatra auf der Insel Borneo, vor allem mit Brandrodung.
So entsteht in den Monaten vor der Regenzeit in Südostasien eine riesi-
ge Rauchwolke, die Wirtschaft und Tourismus in Malaysia und Singapur beeinträchtigt. Die Regierung fördert auch die kapitalintensive
Schwerindustrie – allen voran die Ölverarbeitungsindustrie (wie Raffi-
nerien und petrochemische Unternehmen) und die Zement- und Stahl-
industrie. Etwa 80 Prozent der Industriebetriebe sind auf der Hauptinsel
Java konzentriert, wo die Infrastruktur gut ausgebaut ist, wobei hier die
Eisenbahn eine große Bedeutung hat. Wichtigste Transportmittel sind
Schiffe (über 130 größere Häfen) und Flugzeuge (mehrere internationale und über hundert größere Flughäfen). Das Straßennetz ist auf allen
großen Inseln – wie Java, Bali, Sumatra, Sulawesi, Kalimantan und
West Papua (Irian Jaya) gut ausgebaut.
Die wirtschaftlichen Eckdaten entwickeln sich stabil, und die langfristigen Aussichten sind positiv. Für die gesunde wirtschaftliche Entwicklung des Landes halten es die Indonesier heute mehr denn je für wichtig, entschieden gegen die Korruption, das teuere Öl und hohe Subven-
tionen zu kämpfen. Obwohl das Land sich der Großvorkommen von
Bodenschätzen (insbesondere Öl, Gas und Kohle) rühmt, leidet es an
mangelnden Investitionen bei der Gewinnung dieser Bodenschätze.
Tiefgreifende Reformen in der Wirtschaftspolitik (z. B. Investitionsrahmenbedingungen, Arbeitsrecht für Ausländer, die Steuerpolitik)
werden daher erwartet.

1.4 Religionen

Indonesien ist eine Gesellschaft mit großer religiöser und kultureller
Vielfalt. Und es ist ein Land der Götter und Geister, der Urwälder und
Vulkanriesen, der religiösen Rituale, der Gamelanmusik und der Viel-
völkerschaft. Das tropische bzw. subtropische Klima bietet den Men-
schen ein naturverbundenes Leben. Die Indonesier leben mit Göttern,
Quälgeistern und Dämonen, Gut und Böse sind im symbolischen Sinne
die heimlichen Herrscher. Zeugnisse dafür sind nicht nur abertausende
von öffentlichen Tempeln, sondern auch unzählige Haustempel, Ge-
bets- und Opferplätze auf dem Inselreich, obwohl fast 90 Prozent der
Indonesier (d. h. über 200 Millionen) dem Islam folgen. Auf bis zu zehn
Prozent wird die christliche Minderheit geschätzt. Zudem sind andere
Weltreligionen auch in Indonesien vertreten.
Es gab seit den siebziger Jahren immer wieder religionsbedingte Unruhen mit Toten; insbesondere in den Provinzen mit einem überdurchschnittlich hohen christlichen Anteil – in Zentralsulawesi bekennen sich

17 Prozent zum Christentum – kommt es immer wieder zu Übergriffen. Aber die meisten Unruhen waren eher politisch, ideologisch oder ethnisch motiviert gewesen und aufgrund der ungerechten Verteilung des Wohlstandes entstanden. In letzten drei Jahren beobachtet man die wachsende Gruppierung der radikal handelnden Muslims (wie Jemaah Islamiah) und den Missbrauch des Islams auf manchen indonesischen Inseln vor allem auf Bali und Java.

Aufgrund der in letzter Zeit sich häufenden Naturkatastrophen (wie Tsunamis, Vulkanausbrüche, schwere Monsunregen mit verheerenden Überschwemmungen und Waldbrände) glauben viele gläubige Muslime, es handele sich bei diesen Naturkatastrophen um eine „Strafe Gottes". In der Folge versuchen sie, die Anwendung des religiösen Rechts – des islamischen Scharia-Rechts - zu verschärfen. In der Provinz Aceh wird dieses Gesetz nach einem Bürgerreferendum angewendet, so dass beispielsweise das Kopftuch Pflicht ist und Alkohol verboten wurde. Glücksspieler werden öffentlich ausgepeitscht, denn die öffentliche Züchtigung gilt für Fehlverhalten. Diese Praxis in Aceh dient für den Rest des Landes als Vorbild. In weiteren 33 Provinzen Indonesiens wird inzwischen über die verstärkte Anwendung des Scharia-Rechts diskutiert, wobei im Zuge der Dezentralisierung 22 Provinzen und Distrikte bereits Elemente islamischen Rechts eingeführt haben. Diese Entwicklung wird von Regimegegnern als „schleichende Schariasierung Indonesiens" kritisiert. Denn die Einführung vom Scharia-Recht steht an sich im Widerspruch zum ersten indonesischen Verfassungsgrundsatz, nach dem alle Religionen gleichrangig zu behandeln sind.

Übrigens sehen die christlichen Kritiker in dieser Tendenz einen weiteren Vorstoß für die Islamisierung und religiöse Indoktrination. Ohnehin dürfen christliche Kirchen kaum noch gebaut werden, während jede neue Moschee vom Staat finanziert und zehntausende Islamschulen (Pesantren) im Lande den staatlichen Schulen gleichgestellt wurden. Zu den Christen zählen die meisten Chinesen und die Einwohner auf der Insel West Papua (Irian Jaya). Die islamische Bevölkerung betrachtet die meisten Chinesen mit christlicher Religionszugehörigkeit als wirtschaftliche Elite. Es ist heute beinahe fast die Regel geworden, dass in den Moscheen Hasspredigten stattfinden, die die Christen regelmäßig als Feinde des Islams und als Ursache muslimischer Armut beschimpfen.

Aber die Mehrzahl der gemäßigten und liberalen Muslims missbilligt diese Entwicklung und bemüht sich, das Bild des weltoffenen, friedlichen und toleranten Indonesiens aufrechtzuerhalten. Außerdem befürwortet die Mehrheit der Bevölkerung den offenen Dialog der Religio-

nen und gegenseitiges Verstehen. Viele ausländische Beobachter meinen, einen grundlegenden Wandel im Denken der Indonesier festzustel-
len, was bei der Auseinandersetzung über die dänischen Karikaturen im
Februar 2006 deutlich zu erkennen war. Die Indonesier betrachten den
Westen kritischer als noch vor einigen Jahren – und besonders die Pres-
sefreiheit des Westens, die ihrer Meinung nach dazu missbraucht wird,
religiöse Gefühle zu verletzen.
Zugleich ist die wachsende Besinnung auf die eigenen religiösen Wur-
zeln zu beobachten: Viele Intellektuelle nehmen freiwillig am Freitags-
gebet teil, und immer mehr selbstbewusste Frauen arbeiten im Büro mit
Kopftuch. Diese Leute bildeten innerhalb weniger Jahre die Mehrzahl,
und die Anzahl der Manager, die die Einladung zu einem ausgedehnten
Mittagessen am Freitag annehmen, wird immer kleiner (vgl. Kap.3.7).
Diese Veränderungen sollten sowohl bei geschäftlichen Essenseinla-
dungen als auch mit Bezug auf das Marketing und die Werbung ausreichend berücksichtigt werden (vgl. Kap. 4.4).

1.5 Mentalität der Indonesier

Die Mentalität der Indonesier wird beschrieben als freundlich, gelassen,
bescheiden, genügsam, zurückhaltend, religiös, aber auch als träge. Die
Indonesier pflegen die so genannte „kira kira"-Mentalität. Das Wort
„kira kira" bedeutet „ungefähr" und wird in allen Belangen angewandt.
Fragt man Indonesier nach dem Alter, antworten die meisten von ihnen
mit „ungefähr" 30 Jahre alt, da tatsächlich viele Indonesier nicht über
ihr eigenes Alter Bescheid wissen. Ebenso wenn man nach der Uhrzeit
fragt, wird man eine „ungefähr" geschätzte Uhrzeit zu hören bekommen. Bei der Vereinbarung eines Treffens handhaben die Indonesier die
Uhrzeit genauso (z. B. ungefähr 15 Uhr).
Das Leben der Indonesier verläuft in Gelassenheit und in Langsamkeit,
und daher zeigen sie sich oft vergesslich: unabhängig davon, ob es sich
dabei um eine private Einladung oder einen wichtigen geschäftlichen
Termin oder einen Arztbesuch handelt. Es ist deshalb ratsam, sich bei
einer Terminvereinbarung schriftlich abzusichern.
Das Klima und das Lebensumfeld in Indonesien erlauben den Menschen eher gelassen, langsam zu verfahren und sich der Gemeinschaft
zu widmen. Worte wie Hast, Emsigkeit, Ehrgeiz, Streitsüchtigkeit oder
Egoismus sind den Indonesiern fremd, und das Wort „Fleiß" verstehen
sie im Sinne von Gewissheit bzw. Zuverlässigkeit.
Zwischen verschiedenen ethnischen Gruppen existieren auch unterschiedliche Mentalitäten.

Hierzu einige Beispiele über dominierende ethnische Gruppen in Indonesien:

Die Javaner bilden die größte Gruppe (ca. 42%) unter den Indonesiern und arbeiten überwiegend in der Verwaltung, der Regierung, der Politik und im Militär. Sie werden charakterisiert als ruhig, zuvorkommend, höflich, diskret und kultiviert, und sie pflegen legere, zuvorkommende Umgangsformen (z. B. zurückhaltende, gehobene Sprache, sauberes Erscheinungsbild, anmutige Bewegungen, soziales Benehmen). Sie nehmen für sich in Anspruch, zu den vornehmsten, höflichsten und kultiviertesten Bewohnern der Erde zu gehören. Sie legen Wert auf Umgangsformen, Höflichkeit und Achtung gegenüber Älteren (denen es nicht zu widersprechen gilt). Teilweise halten die Javaner körperliche Arbeit für unwürdig.

Die Bataker stammen aus Nordsumatra und sind temperamentvoll, lebensfroh, entschlossen und unternehmerisch gewandt. Daher sind sie eher in wirtschaftlichen Unternehmen, in der Wissenschaft und Verwaltung in mittleren und gehobenen Stellungen vorzufinden.

Die Indonesier chinesischer Abstammung bzw. Sino-Indonesier umfassen alle diejenigen, die direkt aus China stammen bzw. die im Lande geborene chinesische Indonesier sind. Sie sind aufgrund ihrer besonderen Fähigkeiten und Geschicklichkeit überwiegend im wirtschaftlichen Sektor tätig und haben ihre Arbeitplätze im Handel, in der Industrie, im Finanzsektor auf allen Führungsebenen, und sie sind sehr erfolgreich als Unternehmer tätig (vgl. Kap.1.7.1).

1.6 Lebensphilosophien

1.6.1 Das Lächeln

Indonesien ist das Land des Lächelns. Die Menschen leben von morgens bis abends mit einem Lächeln auf den Lippen. Einheimische grüßen sich gegenseitig mit einem Lächeln, und dies gilt auch gegenüber Fremden. Fragt ein Fremder nach einem Weg, geben die Einheimischen die Antwort mit einem Lächeln. Sie regeln sogar einen Verkehrsunfall diplomatisch mit einem Lächeln – und nie mit einem Streit oder Schreien.

Die Fremden, die mit der indonesischen Art der Begrüßung des Lächelns nicht vertraut sind, deuten dies kulturell falsch: Denn das Lächeln im Allgemeinen hat mit Sympathie zu einer Person wenig zu tun.

1.6.2 Langsamkeit und Gewissheit

Auf der Insel Java hört man von Einheimischen „alon alon asal Kelakon" sprechen. Es heißt etwa „langsam, aber gewiss" und bedeutet letztlich ein langsames, gelassenes Tun, das jedoch zuverlässig und gewiss ist. Die Indonesier sind durch ihr Klima so geformt und daran so angepasst, dass sie in allen Dingen gelassen, langsam agieren, aber sie erledigen die Dinge mit großer Sorgfalt und Zuverlässigkeit. Sie verstehen daher oft die Hast, die Ungeduld oder den Wutausbruch der Fremden nicht und missbilligen Gesten, die zur Hast drängen sollen. Falls man einem einheimischen Mitarbeiter zu einer eiligen Aktion auffordert und dieser darauf nicht schnell genug reagiert, sollte man dennoch von einem Wutanfall oder anderen unangemessenen Sanktionen absehen.

1.6.3 Selbstbeherrschung

Die Selbstbeherrschung zu bewahren bedeutet für die Indonesier ein wichtiges Gebot; demnach ist das öffentliche Zeigen von ungezügeltem Temperament, von Ärger, lautem Schreien, von auffälligem Benehmen, von Prahlen und Großmannssucht, von schallendem Gelächter oder Erzählen von persönlichen Sorgen als Zeichen von schlechtem Benehmen zu bewerten. Indonesier vermeiden emotionale, negative Ausdrücke und halten besonders den Wutausbruch in der Öffentlichkeit für ein religiöses Tabu. Sie meinen, dass die Menschen eine Seele besitzen und sich daher von Instinkt geleiteten Tieren unterscheiden, welche sich gegenseitig nur emotional verständigen können. Die Menschen sollten daher unbedingt Emotionsausbrüche unter Kontrolle halten und sie nicht an den Tag legen. Indonesier vermeiden daher jeglichen zwischenmenschlichen Konflikt, und sie bevorzugen die emotionsfreien offenen Dialoge und die vernünftige Überzeugungsarbeit. Diese religiös geprägte Denk- und Verhaltenweise der Indonesier beruht auf dem Respekt gegenüber Mitmenschen und auf der Vermeidung der möglichen gefühlsmäßigen Verletzung des anderen. Die Javaner sind wahre Meister der Selbstbeherrschung, und sie lassen sich nichts von alledem anmerken und handeln still. Man sieht bei ihnen nur das stets gleichmäßige Äußere und immer ein Lächeln.
Im Umgang mit indonesischen Mitarbeitern im Betrieb sowie mit Hauspersonal sollte man daran denken, jegliche Affekthandlung oder überzogene Emotionalität (wie eine laute Stimme, verärgerter Gesichtsausdruck, abschätzige Gesten) zu unterlassen, die zu einem Missverständnis führen könnten. Ist ein klärendes Gespräch wegen eines

Fehlverhaltens zwingend notwendig, dann nur mit einem Lächeln und mit einer zurückhaltenden, diplomatischen Besprechung unter vier Augen.

1.6.4 Leben aus religiöser Überzeugung

Es gibt Dinge im Leben, die nicht vom menschlichen Geschick abhängen. Ebenso gibt es Erscheinungen oder Vorkommnisse, die mit menschlichem Verstand und wissenschaftlichen Maßstäben nicht erklärbar sind. Die Indonesier glauben, solche Dinge hängen einzig und allein von Gott ab. Alles, was das Leben und Sterben ausmacht, geschieht durch Gottes Fügung. Man sollte sich dem Willen Gottes unterwerfen. Dies betrachten sie als die goldene Regel. So absurd einem Fremden diese Lebensauffassung der Indonesier auch erscheinen mag, man sollte sie dennoch respektieren und nicht in Frage stellen.

1.6.5 Bescheidenheit

Ist der alltägliche Bedarf zum Leben gedeckt, welcher sich auf die Nahrung und das Wohnen auf bescheidenem Niveau bezieht, zeigen sich die Indonesier zufrieden und selbstgenügsam. Sie nehmen die gegebenen Lebensbedingungen dann ohne Eifer oder Neid an. Diese vermeintlich passive Haltung bzw. genügsame und bescheidene Lebenseinstellung rührt wahrscheinlich daher, dass die Natur ihnen reichliche Gaben beschert. Beispielsweise gibt es aufgrund des fehlenden Jahreszeitenwechsels keinen Winter und folgerichtig benötigen sie auch keine kostenintensive Vorratshaltung. Der weitere Grund ist in ihrer religiös geprägten Auffassung vom Leben zu suchen; dass alles Gottes Wille ist, macht es ihnen leicht, die reale Welt so anzunehmen, wie sie ist, so dass sie sich mit einem bescheidenen Lebensstil arrangieren können.
Diese bescheidene Haltung spiegelt sich auch darin wider, dass die meisten Indonesier ihrem Arbeitsplatz lange Zeit verbunden bleiben, wenn sie mit ihrem geringen Gehalt ihre Familie ernähren können. Sie wechseln nicht wegen einer minimal höheren Vergütung oder einer minimalen Verbesserung des Lebensstandards von einem Arbeitsplatz zu einem nächsten. Von einem so genannten „Job-hopper-Phänomen" wie in China braucht sich ein ausländischer Unternehmer nicht zu fürchten. Denn die meisten Indonesier bleiben ihrem Arbeitgeber in der Regel treu bis zum Ende ihrer Berufstätigkeit.

Eine konträre Arbeitsauffassung zu der oben genannten ist in großen
Städten, besonders in Jakarta, zu beobachten; hier zelebriert die tonan-
gebende wirtschaftliche Elite Indonesiens einen oberflächlichen westlich orientierten Lebensstil im materiellen Überfluss. Bei ihnen vermisst
man vor allem gesellschaftliches Verantwortungsgefühl und den Sinn
für kulturelle Werte.

1.6.6 Respekt vor der Persönlichkeit

Die Neugier ist eine urmenschliche Eigenschaft. Die Indonesier sind
aber nicht neugierig auf das Privatleben eines Mitmenschen, und daher
tratschen sie darüber nicht. Sie halten sich zurück und wahren die Diskretion. Sie zeigen weder Neid auf den Erfolg noch Schadenfreude auf
den Misserfolg des anderen. Daher mögen sie es nicht, über andere zu
reden. Eher teilen Indonesier die Freude mit anderen und helfen sich in
Not gegenseitig. Für Indonesier ist die Beachtung der Intimsphäre und
der Persönlichkeit wichtig.
Die gleiche Einstellung pflegen die Indonesier im Hinblick auf die regionale Herkunft, und sie achten auf Toleranz in Fragen der Glau-
bensausübung. In Indonesien werden alle Religionen d. h. sowohl die
Weltreligionen als auch die traditionell überlieferten und die nur in einer bestimmten Region vorkommenden Glaubensrichtungen respektiert
und toleriert. Alle Religionen koexistieren, und alle Indonesier glauben
an irgendeine Gottheit. Die Indonesier haben eher Schwierigkeiten, mit
einem Atheisten zurechtzukommen; teilweise werden solche Einstel-
lungen verachtet.

1.6.7 Gleichberechtigung und Chancengleichheit

Im Gegensatz zu den übrigen asiatischen Nachbarländern, wo aufgrund
des konfuzianischen Einflusses die Männer oft den Vortritt vor Frauen
genießen, werden Männern und Frauen in Indonesien gleiche Chancen
im Beruf und im gesellschaftlichen Leben eingeräumt. Sowohl in öffentlichen Ämtern, aber auch in der Privatwirtschaft findet man einen
hohen Anteil weiblicher Arbeitskräfte und Frauen in der Führungselite.
Es gibt daher keine typische weibliche Rollenverteilung im Beruf, welche in vielen anderen asiatischen Ländern mit niedrigeren Aufgaben
wie etwa Kaffeekochen, Kopieren, Botengängen verbunden ist.
Ebenso wird bei einer Einladung zu einem offiziellen oder privaten Anlass das Erscheinen der beiden Eheleute als selbstverständlich erwartet,
was in anderen asiatischen Ländern trotz einer ausdrücklichen Einla-

dung der Eheleute gemieden bzw. vernachlässigt wird. Im Privatleben beraten die Ehepartner gemeinsam über alle Angelegenheiten und entscheiden im beiderseitigen Einvernehmen (vgl. Kap. 4.1.2.2). Es gibt daher in der Regel keine alleinige Entscheidung des Mannes.

1.6.8 Servicegeist

Zwar verdienen die Indonesier durchschnittlich ca. 900 Euro pro Jahr (2004), wobei fast 30 Prozent der Bevölkerung mit weniger als einem Dollar täglich auskommen müssen. Aber indonesische Mitarbeiter sind immer freundlich, zuvorkommend und höflich, und sie lächeln stets, wo sie auch immer arbeiten und welcher Tätigkeit sie auch nachgehen und welche Kundschaft sie zu bedienen haben. Sie pflegen einen Servicegeist, bei dem sich jeder Kunde als König fühlen muss.
Westliche Geschäftsleute sollten auf diese Serviceorientierung der Indonesier achten, wenn sie ihre Produkte in Indonesien vermarkten.

1.7 Exkurs: Chinesischstämmige Indonesier und Tycoone

1.7.1 Ursprung der chinesischstämmigen Indonesier

Die ersten chinesischen Einwanderer kamen vor einigen Jahrhunderten nach Indonesien. Den nächsten großen Schub von Chinesen holten die niederländischen Kolonialherren in der zweiten Hälfte des 19. Jahrhunderts, und zwar nur ledige Männer aus den südlichen Provinzen Chinas als Arbeitskräfte für die Plantagen und für den Bergbau. Für Frauen gab es die Erlaubnis zur Einwanderung erst im frühen letzten Jahrhundert. Einige Holländer, die von den fleißigen, geschickten und willigen Chinesen beeindruckt waren, ermöglichten es den Chinesen, nach und nach mittlere Positionen im Handel- und Finanzwesen zu   übernehmen. Ein Teil der Chinesen ist ganz und gar an die indonesische Kultur assimiliert. Der andere Teil von ihnen passte sich nur bedingt an und betrachtet nach wie vor China als die eigentliche Heimat.
Die ethnische Gruppe der Chinesen ist die wichtigste Bevölkerungsgruppe Indonesiens. Es leben ca. 1,8 Millionen chinesische Indonesier in dem Inselreich, die meisten davon auf der Hauptinsel Java und teilweise auch auf Sumatra und Kalimantan. Dennoch kontrollieren sie ungefähr die Hälfte des Wirtschaftslebens Indonesiens. Mit ihrem stark ökonomisch geprägten Talent und mit ihrer geschickten Diplomatie

(vgl. Lee, Interkulturelles Asienmanagement China – Hongkong, 2004, S. 3ff) beherrschen die Chinesischstämmigen besonders die Finanzwelt, den Handel und den Immobilienmarkt Indonesiens. Die über die Landesgrenze hinaus bekannten Tycoone (Industriemagnaten bzw. Multimillionäre), die alle typisch indonesische Namen wie Anthoni Salim, Prajogo Pangetsu, Sofyan Wanandi Sukanto Tanoto haben, sind chinesischstämmige Unternehmer wie der als Top-Tycoon geltende Liem Sioe Liong. Die meisten Einheimischen arbeiten als einfache Lohnempfänger in unzähligen chinesischen Unternehmen, was oft ein Grund für Unruhen und Ressentiments ist.

Gegen die wirtschaftliche Übermacht dieser kleinen ethnischen Gruppe ist die indonesische Regierung machtlos; wenn beispielsweise diese chinesischstämmigen Tycoone einen Teil ihres Vermögens wegen der wirtschaftspolitischen Instabilität ins Ausland transferieren und das Kapital nicht im Lande reinvestieren, was sie seit langem praktizieren, dann hat dies unmittelbare Auswirkungen auf die indonesische Wirtschaft. Die chinesischstämmige Minderheit widersetzt sich den staatlichen Programmen zur Eindämmung des Bevölkerungswachstums. Die Regierung führt landesweit eine Kampagne durch, der zufolge die Bevölkerung sich bei ihrer Familienplanung mit zwei Kindern begnügen solle. Aber viele wohlhabende chinesischstämmige Indonesier halten für sich eine Mehr-Kinder-Politik für richtig: d. h., je mehr Kinder, desto besser. Sie haben die nötige Finanzkraft, alle ihre Kinder für eine internationale Ausbildung ins Ausland zu schicken und danach in ihren diversen Unternehmenskonglomeraten unterzubringen. Bei dieser Entwicklung sollte man zwei Dinge berücksichtigen; zum einen ist die Möglichkeit für ein Studium in Indonesien für chinesischstämmige Indonesier begrenzt. Und zum anderen halten Chinesen nur diejenigen für vertrauenswürdig, welche mit ihnen in irgendeiner Art und Weise verbunden sind; beispielsweise gehört ein Chinese im weitesten Sinne zur Familie (d. h. die Chinesen leiten eine solche Verbundenheit auch noch bis zum achten Grad der Verwandtschaft ab). Vergleichbares gilt auch, wenn nur äußerliche Merkmale auf eine gewisse soziale Verbundenheit oder geistige Affinität hindeutet: beispielsweise ein Chinese hat den gleichen Familiennamen, oder er stammt aus der gleichen chinesischen Provinz. Auch die Abstammung aus China genügt schon für eine solche Verbundenheit. Die oben genannten vertrauenswürdigen Leute stellen sie lieber in ihren Unternehmen ein als Fremde, wenn sie die Wahl haben.

1.7.2 Tycoone

Diese indonesischen Tycoone knüpfen ihr Beziehungsnetzwerk mit allen so genannten Auslands- bzw. Überseechinesen (vgl. Lee 2004, S. 4 und Lee, Asiengeschäfte mit Erfolg 1997, S. 17 f) auf der ganzen Welt – besonders aber in Asien – und arbeiten mit ihnen zusammen. Die meisten Übersee-Tycoone ziehen aber in Hongkong oder Singapur ihre Fäden, und die meisten von ihnen sind Infrastruktur-Spezialisten. Durch ihre zahllosen Querverbindungen und Allianzen vermehren sie ihren wirtschaftlichen Einfluss. Als spektakulärste Neugründung gilt die New China Hongkong Group, in der sich einflussreiche chinesische Tycoone aus Übersee mit Staatsfirmen aus China, Taiwan und Singapur zu einer strategischen Allianz zusammenschlossen. Der indonesische Riady-Clan und die thai-chinesische Wong Chi-Ming Familie haben sich auch für eine Zusammenarbeit entschieden. Übrigens investieren viele Übersee-Tycoone auch in ihrer alten Heimat kräftig, nämlich in der Volksrepublik China.

Die ausländischen Investoren aus Europa sollten diese Besonderheiten des Beziehungsnetzwerks der Überseechinesen für sich zu nutzen wissen. Dieses traditionelle Netzwerk, das etwa 60 Millionen Chinesen außerhalb des Festlandes (d. h. der Volksrepublik China) umfasst, bietet viele geschäftliche Möglichkeiten. Denn dieses Netzwerk basiert auf dem besonderen Vertrauen zwischen chinesischen Kaufleuten und auf dem gemeinsamen Erbe, nämlich Chinese zu sein. In diesem Netzwerk öffnen sich Türen leichter für ein Geschäftsvorhaben, Verträge lassen sich viel problemloser und einfacher besiegeln, und vor allem die Beschaffung der wertvollen Informationen fällt leichter, und zwar in ungeahntem Ausmaß. Das ist deshalb möglich, weil die Chinesen täglich durch diese durch Jahrhunderte gewachsenen Verbindungen den Informationsaustausch forcieren.

Der weltweit wohl bekannteste Tycoon ist der Hongkonger Unternehmer Li Kai Sheng, der auch als der reichste Mann in Asien gilt.

2 Kommunikation und Verhaltensstandards

2.1 Kommunikation

Grundsätzlich kommunizieren Indonesier möglichst ton- und emotions-
los sowie leise. Eine emotionsbetonte Ausdrucksweise ist ihnen unan-
genehm, und es erscheint ihnen grob und unhöflich. Vor allem wissen
sie schlicht nicht, wie sie es richtig deuten bzw. damit umgehen sollen.
Indonesier halten ein langsames, ruhiges, gelassenes Kommunikationsverhalten für kultiviert, und daher bevorzugen sie dieses. Indonesier betrachten es als eine Tugend, nicht das zu sagen, was man meint und
denkt; beispielsweise fragt man nicht direkt, was es kostet, sondern man
formuliert so: „Was meinen Sie, wie viel müsste ich für diese Sache an-
legen?" Indonesier drücken sich lieber indirekt aus; indonesische Männer bezeichnen ihre eigenen Ehefrauen als „den Freund in meinem
Haus".
Während eines Gesprächs – ob geschäftlich oder privat – gibt es oft einen Moment der Besinnung, d. h. eine Pause. Solch eine Pause kann
durchaus lange dauern, und man sollte sich in jedem Fall ruhig verhalten und die Unterbrechung genießen. Wer sich hierbei unwohl fühlt und
deshalb den indonesischen Gesprächspartner zum Sprechen drängt bzw.
nötigt, begeht einen klaren Fehler. Die Indonesier brauchen diese Ge-
sprächspause, um ihren Respekt zu der sprechenden Person und deren
Aussage zu bekunden und um nachdenken zu können.
Wird man in Indonesien mit „Wohin gehen Sie?" oder „Woher kommen
Sie" von Fremden auf der Straße angesprochen, sollte man mit einer
humorvollen und gelassenen Antwort reagieren bzw. einen Smalltalk
halten.

2.2 Ja und Nein

Die Indonesier benutzen das Wort „nein" fast nie und alles wird mit einem „ja" beantwortet (vgl. Lee 1997, S. 28 ff). Falls die Situation oder
die Sachlage nur ein „nein" erlaubt, antwortet man fälschlicherweise
mit einem „ja". Das führt oft zu einem Missverständnis. Der Grund

liegt darin, dass die Indonesier nicht unhöflich erscheinen möchten und niemand in eine unangenehme Lage versetzen wollen und schon gar nicht jemanden mit einem klaren „nein" verletzen möchten (vgl. Kap. 2.2). Ein direktes, unvermitteltes Nein ist in Indonesien undenkbar, und das Übermitteln einer unerfreulichen bzw. schlechten Antwort will keiner freiwillig tun. Der Betroffene sollte mit Feingefühl und aufgrund seiner Erfahrungen herausfinden, wann die „höfliche" Antwort nur eine Höflichkeitsfloskel ist und wann sie zu einer negativen Antwort führt. Einen abschlägigen Bescheid kleiden die Indonesier in sorgsame, diplomatische Worte, die die Ablehnung nur in feinen Nuancen andeuten oder erahnen lassen.

Ein Beispiel: In einer Verhandlung mit Indonesiern wird über die Machbarkeit eines Jointventures diskutiert, und die Indonesier bejahen scheinbar das Vorhaben. Der ausländische Geschäftsmann plant aufgrund der vermeintlich positiven Reaktion die weitere Vorgehensweise und fragt beim nächsten Treff, wie weit die indonesische Seite mit der Vorbereitung vorangekommen ist. Dann hört man beispielsweise so ähnlich lautende Sätze wie: „Wir suchen gerade passende Kontaktmöglichkeiten" oder „Wir befinden uns in einem Gespräch mit dem Interessenten". Das hört sich alles sehr positiv an und vermittelt den fälschlichen Eindruck, es gebe Forschritte. Nach einer Weile erkundigt sich der ausländische Geschäftsmann telefonisch über die Fortschritte der Indonesier und erhält erneut ausweichende bzw. beschwichtigende Antworten. Dann sollte man langsam sich über die Ernsthaftigkeit der Verhandlungen Gedanken machen. Bekommt man nach einer dritten Anfrage wieder eine solche Antwort von seinem indonesischen Gesprächspartner, dann kann man davon ausgehen, dass die wahre Antwort „nein" lautet.

Antwortet ein Indonesier mit dem Satz „Warten wir erst mal ab" oder „Wir beobachten zunächst mal eine Weile", dann ist diese Formulierung als ein verdecktes „nein" zu verstehen. Es erscheint einem westlichen Manager auf den ersten Blick, als ob Indonesier immer nur Ausflüchte machen und unverbindlich bleiben. Man sollte jedoch bedenken, dass diese schwammigen, unkonkreten Formulierungen nur Teil einer kulturellen Strategie sind, die ein klares Nein oder ein unhöfliches Zögern in diplomatische Worte, höfliche Redeweisen und Umschreibungen hüllen.

Die direkte Art der westlichen Kommunikation, ein Problem anzupacken, ist den Indonesiern unbekannt. Folgerichtig sollte man sich für ein Problemgespräch viel Zeit lassen und mit einer allgemeinen Andeutung beginnen. Peu à peu kann man dann sich zum Kern des Problems heran-

tasten und so eine Lösung finden. Aufgrund dieser Kommunikationstradition der Indonesier ist es ratsam, ein geschäftliches Vorhaben sorgfältig vorzubereiten und die Reaktion der Indonesier genau zu beobachten und eine alternative Option bereitzuhalten. Dann ist es möglich,
rechtzeitig eine neue Weichenstellung vorzunehmen, bevor man zu viel
Zeit und Mühe unnötig investiert.
Übrigens wird in Indonesien jeder Satz mit dem Wort „Bitte" eingelei-
tet und das Wort „Danke" wird mit einem Lächeln (vgl. Kap. 1.6.1 u.
5.2.1) verstärkt.

2.3   Gesprächsbereitschaft

Im Allgemeinen lieben die Indonesier Gespräche. Ob im Alltag oder im
Berufsleben lösen die Indonesier alle Angelegenheiten und Probleme
durch das Gespräch bzw. durch eine offene Aussprache, die um Konsens und Harmonie bemüht ist. So ein Gespräch wird unabhängig von
der Wichtigkeit, Dringlichkeit und vom Umfang des zu besprechenden
Inhalts durchgeführt.
Die Schattenseite dieser Gewohnheit ist dann die Geschwätzigkeit und
der damit verbundene Zeitverlust. Wenn diese Diskussions- bzw. Ge-
sprächsfreudigkeit entartet, resultiert daraus eine zeitraubende Langat-
migkeit; das heißt, was man mit einem klärenden Kurzgespräch erledigen könnte, wird so zerredet, dass ein Ende schwer zu finden ist.

2.4   Indonesische Ausdrucksweise

Sprechen Indonesier über ihr eigenes Land, dann drücken sie es in ihrer
Sprache als „tanah air kita" aus und dies bedeutet „unsere Erde, unser
Meer".
Damit bringen die Indonesier ihre Ehrfrucht vor Gott und vor seinem
Werk zum Ausdruck, und es gibt viele solche Ausdrucksweisen, die
nicht als altmodisch oder überkommen verstanden werden sollten.
Das starke hierarchische Denken des Indonesiers kommt oft in der
Sprache zum Ausdruck, was diese Haltung noch verstärkt. Das sprachliche Repertoire sieht beispielsweise viele differenzierte Varianten für
die richtige persönliche Anrede vor, was für einen Ausländer schwer
durchschaubar und erlernbar ist. Ausländer können der Variantenreich-
tum der Anredeformen nur mit einer höflichen Körpersprache kompensieren.

Dagegen gibt es nur rudimentär ausgeprägte Begriffe für die Zeit, d. h. ein Wort für gestern und eines für morgen, und diese Wörter können aber je nach Zusammenhang vieles bedeuten.

2.5 Verhaltensstandards

2.5.1 Beim Umgang mit Mitmenschen

Es gibt vier wichtige ungeschriebene Verhaltensregeln:
(a) Machen Sie die Leute nicht betroffen, bestürzt bzw. verworren.
(b) Bringen Sie die Leute nicht in eine Lage, sich zu schämen.
(c) Machen Sie die Menschen nicht wütend.
(d) Enttäuschen Sie die Menschen nicht.
Diese Verhaltenregeln basieren auf gegenseitigem Respekt, auf dem toleranten Umgang untereinander und auf dem tief religiös verwurzelten Glauben. Indonesier achten peinlich darauf, die Würde eines Mitmenschen nicht zu verletzen. Für die Indonesier hängt die menschliche Würde weder vom beruflichen Rang noch vom Niveau des erreichten persönlichen Wohlstandes Auch das Geschlecht, die Religionszugehörigkeit und das Alter spielen keine Rollen. Mit anderen Worten: In Indonesien gilt wie in allen asiatischen Ländern das Gesichtsprinzip.
In allen Belangen wird Diskretion groß geschrieben: Die Indonesier versuchen, mit dem diskreten Umgang die Harmonie im Privaten ebenso wie im Business zu bewahren.
Die Indonesier bemängeln bei den westlichen Ausländern oft Disziplinlosigkeit und fehlende Beherrschung, und dafür haben sie auch eine Erklärung gefunden. Demnach geraten die Ausländer deshalb so schnell in Wut, weil sie viel Fleisch essen, sich selbst zu ernst nehmen und vor allem nicht über sich selbst lachen können. Durch die westlichen Medieneinflüsse haben viele Indonesier Vorurteile gegenüber den westlichen Ausländern, und sie fühlen sich beispielsweise durch allein reisende Touristinnen bzw. alleinstehende Manager in ihren Annahmen bestätigt.

2.5.2 Nonverbale Kommunikation: Gesten und Mimik

Eine Grundregel für die Gestik und Mimik in Indonesien ist die Zurückhaltung bzw. dezente Haltung (d. h. auch bei einem Trauerfall oder bei freudigen Anlässen). Ohne großes Gestikulieren bzw. starken Gesichtsausdruck können die Indonesier auskommen, weil sie sehr feinfühlig aus dem Gesicht ablesen können. Zudem sind Gesten und Mimik in jeder Kultur anders geprägt und deshalb eine Quelle der Missverständnisse: Beispielsweise ist bei den Europäern ein lautes, herzliches Lachen ein Ausdruck der Freude und Heiterkeit, während die Indonesier es unter Umständen (z. B. aufgrund der Körperhaltung) als einen verdeckten Ausdruck der Aggression bzw. der Arroganz falsch deuten können.

2.5.2.1 Augen- bzw. Körperkontakte

Ebenso sind Augen- und Körperkontakte vorsichtig anzuwenden: Der Augenkontakt sollte generell nur kurz anhalten, und die Körperkontakte vor allem zwischen den Geschlechtern sollten möglichst gemieden werden, und dies gilt besonders für den geschäftlichen Kontext. Für die Muslime und Hindus ist der Körperkontakt besonders problematisch. Körperliche Berührungen zwischen Frauen bzw. Männern untereinander sind normal, was wiederum für westliche Ausländer leicht missverständlich ist. Für unangebracht halten es die Indonesier, Tieren irgendwelche Gunst oder Liebe entgegenzubringen; für die westlichen Tierliebhaber ist das Land ein schwieriges Pflaster.

2.5.2.2 Die Hände

Mit dem Daumen deutet man auf eine Person oder einen Gegenstand, aber nicht mit dem Zeigefinger (es bedeutet eine Beleidigung). Als Alternative benutzt man das Kinn mit einer leichten Bewegung, wenn man auf etwas deuten muss. Die linke Hand verwendet man in Indonesien weder beim Essen noch bei der Begrüßung noch beim Überreichen eines Gegenstandes. Es ist nicht üblich, weil die Indonesier diese Hand für „schmutzige" Arbeit vorbehalten; zu dieser Tätigkeit zählt u.a. der Gang zur Toilette (in vielen Orten gibt es kein Toilettenpapier). Das Zwinkern gilt in Indonesien als ein Zeichen der Zuneigung zu Kindern. Den Zeigefinger zwischen Nase und Augen zu halten bedeutet für Indonesier „nicht ganz klar im Kopf zu sein" und ist eine grobe Beleidigung und eine unentschuldbare Unart.

2.5.2.3 Der Kopf

Anders als in vielen asiatischen Ländern, wo man die Kinder zum Loben oder zum Liebkosen auf dem Kopf streicheln darf, sollte man am besten diese Geste in Indonesien ganz weglassen.

Indonesier setzen den Kopf mit der Seele gleich. Das heißt, dass der Kopf als Sitz der Seele heilig und daher unberührbarer Teil des menschlichen Körpers ist. Falls man aus kulturellem Unwissen den Kopf eines Indonesiers berührt, hat man mit schwerwiegenden Konsequenzen bis hin zur Todesfolge zu rechnen, wie es einem ausländischen Geschäftsmann ergangen ist. Der Besagte war über das Verschwinden eines Gegenstandes aus seiner Handtasche verärgert und verdächtigte den Zimmerkellner. Daher hatte er dem Kopf des Zimmerbediensteten seines Hotels einen leichten Schlag verpasst, worauf der zu Unrecht Verdächtigte eine schwerwiegende Straftat beging.

2.5.2.4 Die Stimme

Möglichst sollte man leise sprechen. Viele Europäer haben von Natur aus eine kräftige Stimme. Es ist auch ein kulturelles Missverständnis, wenn die Indonesier die sich laut unterhaltenden Europäer als streitsüchtige Völker missverstehen.

2.5.2.5 Die Mimik

Mit der Mimik sollte man bewusst umgehen, um ein kulturelles Missverständnis zu vermeiden: Das Lächeln ist in Europa nicht sehr verbreitet, und gar vielen Leuten fällt das Lächeln einfach schwer. Wenn jemand zu oft lächelt, dann wird dies womöglich als unseriös eingestuft, oder der Gesprächspartner fühlt sich unbehaglich bzw. unsicher. Die Indonesier hingegen zeigen indes demjenigen keinen Respekt, der immer eine saure, starre, harte oder so genannte seriöse Miene aufsetzt. So schwer es auch einem fällt, sollte man versuchen zu lächeln, insbesondere im geschäftlichen Bereich.
Was man absolut vermeiden sollte, ist, Verärgerung zu zeigen; sonst wird man gleich auf die Ebene der Tiere herabgestuft, und ein geschäftliches Vorhaben hat dann keinerlei Erfolgsaussichten mehr.

2.5.2.6 Lachen und Lächeln

Das Lachen ist in Indonesien ein Ausdruck der Freude und Heiterkeit, aber auch ein Zeichen der Nervosität, Verlegenheit, der Angst vor einem Gesichtsverlust, der Wut, Trauer oder Entschuldigung. Wie ein Lachen richtig zu deuten hat, lernt man erst mit der Zeit und mit der Erfahrung. Das Lächeln ist für die Indonesier eine Selbstverständlichkeit, und mit ihm drücken sie ihr allgemeines Harmoniebedürfnis aus. Als Ausländer sollte man daher immer öfter lächeln, damit man im sozialen Umfeld Pluspunkte sammelt.

2.5.2.7 Die Füße

Als besonders schlimm gilt es, wenn man mit dem Fuß auf eine Person zeigt (z. B. wenn die Füße auf den Schreibtisch gelegt werden oder mit der Fußspitze beim Sitzen bei übereinander gekreuzten Beinen). Mit dem Fuß wird nicht einmal auf einen Gegenstand gedeutet. Die Füße gehören grundsätzlich unter den Tisch bzw. Schreibtisch, und beim Sitzen auf dem Boden sollten sie aufrecht und parallel gehalten werden.

2.5.3 „Gummi-Zeit"-Philosophie

Die Indonesier haben einen sehr flexiblen und unkonkreten Zeitbegriff, der als „jam karet" (die Gummi-Zeit) bezeichnet wird. Indonesier meinen damit, dass es Dinge gibt, die chronologisch exakt erledigt werden müssen, aber auch Dinge, die mehr Zeit benötigen, als vorgesehen ist. Der Zeitbegriff ist für sie situativ zu verstehen und ist ein auslegbarer Terminus. Eine halbstündige Verspätung wird in der Regel toleriert. Wer zu einem Treffen mit einer Verspätung erscheint, wird sich bei dem Wartenden weder entschuldigen noch die Gründe erläutern; er schenkt ihm nur ein Lächeln. Der gelassen Wartende antwortet auch mit einem Lächeln (vgl. Kap. 5.2.1). Sogar bei einer Gerichtsverhandlung wird diese Zeitflexibilität toleriert, wenn die Angeklagten, die Verteidiger oder Richter eine halbe Stunde zu spät kommen.

2.5.4   Was die Indonesier nicht mögen

2.5.4.1 Heiße und kalte Sachen essen

Trotz dem schwülwarmen Wetter trinken die Indonesier keine kalten Getränke. Sie trinken alles in Raumtemperatur. Sie begründen ihre Trinkgewohnheiten mit der drohenden Gefahr einer Magenverstimmung bzw. eines Durchfalls, falls man etwas Kaltes zu sich nimmt. Daher meiden sie kalte Getränke und nehmen sogar lieber lauwarmes Bier zu sich.
Apropos Getränke: Der Umgang mit alkoholischen Getränken (vgl. Kap. 3.7) ist folgendermaßen geregelt: Nur in Hotels und in einer Touristenhochburg wie auf der Insel Bali, wo hauptsächlich ausländische

Geschäftsleute und Touristen verkehren, serviert man gekühlte und alkoholische Getränke. Da sich die meisten Indonesier zum Islam bekennen, sind Kneipen oder Bars im Lande sonst schwer zu finden. Ausländische Geschäftsleute und Expats, die Alkohol trinken, sollten nur mäßig dem Genuss von Alkoholika zusprechen. Es gibt keinen gemütlichen Abend mit den Arbeitskollegen nach Feierabend bei einem Glas Bier. Generell werden alkoholische Getränke weder bei geschäftlichen noch privaten Feiern angeboten.

Die Indonesier mögen weder heiße Speisen noch heiße Getränke. Sie warten geduldig, bis die Speisen oder Getränke abgekühlt sind. Es ist sehr leicht herauszufinden, wer ein Indonesier und wer ein Fremder ist. Ausländer erkennt man daran, dass sie mit dem Pusten die warme Suppe zu kühlen versuchen.

2.5.4.2 Regenguss

Obwohl die Indonesier sich gelassen und gemächlich in allen Situationen verhalten und das Klima mehrmals täglich kurze Regengüsse verursacht, rennen sie bei jedem Regenguss weg. Daran können sie sich nicht gewöhnen und vermeiden es, nass zu werden. Der Grund ist, dass man sich bei einem Schauer leicht eine Erkältung einhandeln kann. Die Indonesier fürchten sich sehr vor einer Erkältung, weil diese oft zu einer langwierigen Angelegenheit mit schweren Komplikationen entarten kann. Der typische Regenguss ist von kurzer Dauer, und daher hasten die Indonesier, um sich für ein paar Minuten unter einem schützenden Dach unterzustellen. Hat einer unglücklicherweise dem Regenguss nicht entrinnen können, dann nimmt er gewöhnlich zu Hause ein heißes Bad und ruht sich aus. Zeigen sich aber trotz der vorbeugenden Maßnahmen erste Anzeichen einer Erkältung, dann erfolgt sofort eine Krankmeldung.

2.5.4.3 Ausbruch unkontrollierter Gefühle

Wie bereits im Kap. 1.6.3 „Selbstbeherrschung" beschrieben, mögen Indonesier beispielsweise Wutausbrüche und ähnliche Affekthandlungen nicht – schlicht einfach deshalb, weil sie damit nicht umgehen können.

Die Indonesier, die sogar bei einem Trauerfall mit einem Lächeln reagieren, können mit dem unkontrollierten Ausbruch von Emotionen und Affekten, von Wut oder von laut artikuliertem Unverständnis nicht umgehen. In solch einem Fall verlassen sie beispielsweise sogar ihren Arbeitgeber wortlos ohne Wenn und Aber, unabhängig davon, wie lange sie in einem Betrieb oder in einem Haushalt treu gedient haben mögen. Das Einzige, was man in einer solchen unangenehmen Situation tun kann, ist es, sich für sein unangemessenes Verhalten zu entschuldigen und mit der betroffenen Person unter vier Augen ein offenes, leises Gespräch zu führen. In jedem Fall sollte man die Würde des einzelnen Indonesiers, welche Tätigkeit er auch ausüben und wie schwer das Fehlverhalten auch sein mag, respektieren und nicht verletzen.

3 Geschäftliche Gepflogenheiten

3.1 Business-Knigge: Ehre und Gesichtswahrung

Grundsätzlich sollte berücksichtigt werden, dass die indonesische Gesellschaft stark vom Hierarchiedenken und von einer fein differenzierten sozialen Etikette und Wertvorstellungen geprägt ist. Demnach nimmt jeder Indonesier einen gesellschaftlichen Rang ein, wobei dieser Rang sich mit den äußeren Gegebenheiten ändert: d. h. die Mitmenschen zeigen gegenüber den Angehörigen mit hohem gesellschaftlichen Status eher Nachsicht, Wohlwollen oder Verständnis als bei Menschen mit einer geringen sozialen Position. Jedermann hat auf einem bestimmten Platz in der Gesellschaft zu stehen. Bei allen Fragen der Ehre, der Gesichtswahrung und der Reputation ist besondere Vorsicht geboten.

Die allgemein verbreitete Respektbezeugung und das Gesichtswahren ist die Grundlage des sozialen Verhaltens in Indonesien schlechthin. Wie dies aussieht, wird an einigen Beispielen deutlich:

(a) Ältere Leute werden selbstverständlich gebührend gegrüßt und zuerst bedient.

(b) In jeder Situation (z. B. beim Sitzen, beim Betreten eines Raums oder Orts) ist eine wechselseitige Respektbekundung unabdingbar.

(c) Zu einem geschäftlichen Treffen oder einem öffentlichen Termin wird von einer Person mit dem niedrigeren gesellschaftlichen bzw. beruflichen Rang erwartet, dass sie vor dem vereinbarten Zeitpunkt erscheint. Im Gegensatz dazu wird die Verspätung einer Person mit höherem Rang verständnisvoll hingenommen.

(d) Der Gast wird bei der Verabschiedung bis zur Außentür bzw. bis zum Auto begleitet.

(e) Unabhängig von der Qualifikation, der Erfahrung und den Fähigkeiten haben sich die Untergebenen in einem Betrieb oder in Behörden grundsätzlich dem Vorgesetzten unterzuordnen, auch wenn dieser für seinen Posten eine Fehlbesetzung oder eine Niete sein mag.

Um des Gesichtwahrens willen wird in Indonesien penibel offene Kritik, Auseinandersetzung bzw. Konfrontation vermieden (vgl. Kap. 3.3) und ebenso eine Situation, über die man sich schämen muss und die einen Gesichtsverlust nach sich ziehen könnte. Es versteht sich von selbst, dass sich nicht alle Indonesier daran halten. Ein schwerwiegender Gesichtsverlust (z. B. jemanden zum Gespött machen oder einen öffentlich anprangern) kommt dem sicheren sozialen Tod gleich. Trotz alledem ist das Gesichtwahren ein wichtiges Prinzip für das korrekte Verhalten im Alltag. Aus dem gleichen Grund werden die Einheimischen ständig ermahnt, sich gegenüber der eigenen Familie, in der Schule, am Arbeitsplatz dem eigenen gesellschaftlichen Rang entsprechend würdig zu verhalten und die Institutionen nach außen hin gebührend zu repräsentieren.

Vor dem Hintergrund dieser kulturellen Tradition werden Gefälligkeit und Konfliktvermeidung sowohl im sozialen als auch im Berufsleben gleichermaßen praktiziert. Das beinhaltet, dass der Schein oft wichtiger ist als das Sein und die Beschönigung bzw. die Umschreibung einer negativen Tatsache zur Normalität gehört. Es hat mit einer hinterhältigen, bösartigen Absicht wenig zu tun – eher mit Diskretion und der Achtung der betroffenen Person bzw. des Unternehmens.

3.2   Die Rolle eines vertrauten Ratgebers bzw. Vermittlers

Der Dienst eines vertrauten Ratgebers bzw. Vermittlers wird in Indonesien in allen (d. h. geschäftlichen, behördlichen, familiären und sozialen) Angelegenheiten eingesetzt, weil die indonesische Gesellschaft insgesamt ein fast unüberschaubar verzahntes Gefüge darstellt.

Als vertrauter Ratgeber wird eine Person gewählt, welche mit einem gewissen Alter, mit Lebenserfahrung und mit gesellschaftlichem Ansehen ausgestattet ist. Er hat einen ansehnlichen Rang in einem sozialen Gefüge (wie im Beruf oder in der Dorfverwaltung oder in einer Behörde) inne. Dieser Ratgeber übernimmt quasi als Botschafter die Aufgabe, eine unangenehme Nachricht an eine bestimmte Person oder eine Firma zu übermitteln oder in der Öffentlichkeit bekanntzugeben. Dieser Bote versteht es, wie man diskret und möglichst wertneutral solch eine Entscheidung oder eine Nachricht oder eine Mitteilung überbringt, ohne dabei jemanden sein Gesicht verlieren zu lassen. So ein vertrauter Ratgeber oder Mediator wird auch im Betriebsalltag oft eingesetzt, um Konflikte, Probleme oder Schwierigkeiten auf indonesische Art und Weise friedlich zu lösen. In so einem Fall übernimmt ein von der Belegschaft respektierter Manager oder ein Vertreter der Mitarbeiter diese Rolle.

Noch mehr geschätzt werden die Dienste als Vermittler bei betrieblichen bzw. geschäftlichen Entscheidungsfindungsprozessen. Er lotet beispielsweise noch vorhandene Möglichkeiten bei einem informellen Gespräch aus, wenn er bei dem formellen Verhandlungstreffen zutage getretene Probleme löst oder eine ins Stocken geratene Entscheidung vorantreibt. Und er vermittelt auch die notwendigen Kontakte zu Behörden, um aufgetretene Schwierigkeiten schnellstens zu beheben (vgl. Kap. 4.1.2.1 u. 4.1.2.5 u. 4.1.1). Außerdem schlichtet er die Konflikte zwischen der Belegschaft und dem Management bei einer betrieblichen Auseinandersetzung.

3.3 Umgang mit Kritik

In Indonesien ist eine offene Kritikkultur unbekannt, und daher wissen die meisten Indonesier nicht, wie mit einer sachlichen, konstruktiven bzw. öffentlichen Kritik umgegangen werden soll. Sie können aber trotzdem feinfühlig wahrnehmen und verstehen, ob ein Gespräch einen kritischen Charakter hat oder ob eine kritische Bemerkung verborgen mitgeteilt wird.

Zu kritisierende Sachverhalte werden im Unternehmen in der Regel zunächst diskret und mit Lob („durch die Blume gesprochen") verpackt dargestellt. Dem Betreffenden wird dann Schritt für Schritt aus der Sicht der Firma und der wirtschaftlichen Lage feinfühlig, dezent hinweisend das Problem oder die ernste Lage erläutert. Zuletzt werden die Zusammenarbeit und die Ausrichtung auf das gemeinsame Ziel (d. h. den betrieblichen Erfolg und die Sicherung von Arbeitsplätzen) verdeutlicht und daran appelliert, dass eine konstruktive Lösung der anstehenden Probleme unumgänglich ist. Einen Mitarbeiter als Sündenbock für einen Fehler zu bezichtigen bzw. direkt persönlich zu kritisieren, wäre keine empfehlenswerte Lösung. Besser ist es, die betreffende Arbeitsgruppe bzw. Abteilung ins Gespräch einzubeziehen und so an das Ehrgefühl dieser Mannschaft zu appellieren, um so den Konflikt zu bereinigen.

Bei der Verhandlung sollte man die anderen Konkurrenten nicht direkt kritisieren, eher sie loben und fair behandeln (vgl. Kap. 4.3). Wer über jemanden schlecht bzw. kritisch redet, ist den Indonesiern sehr suspekt. Falls so etwas passiert, fühlen sich die Indonesier nicht ernst genommen und brüskiert; denn in der Regel ist ein indonesischer Verhandlungspartner bestens über die an der Verhandlung beteiligten, verschiedenen ausländischen Parteien informiert.

3.4 Entschuldigung

Ein asiatisches Sprichwort lautet: „Wer sich zuerst entschuldigt, zeigt die Größe seiner Persönlichkeit." Ob es sich um eine Entschuldigung bzw. eine Vergebung handelt, spielt keine Rolle: Indonesier pflegen einen offenen Umgang damit, indem man bei vielen verschiedenen Gelegenheiten um Vergebung oder um Verzeihung bittet. Selbstverständlich gibt es eine förmliche Höflichkeitsfloskel, mit der man auch bei einem nichtigen Anlass um Verzeihung bittet. Ein ernst gemeintes Gesuch der Vergebung wird nicht als eine Schande betrachtet, weil man damit die gestörte Situation bereinigen kann, bevor diese Zwischenfall als ein offener Konflikt mit ungeahnten Folgen eskaliert. Im Allgemeinen wird eine solche Entschuldigung im Hinblick auf die soziale Harmonie in der Firma, Familie oder Gesellschaft umstandslos angenommen.

Um sich für eine Verfehlung bzw. für ein Problem zu entschuldigen, besucht man in Indonesien den Betreffenden (sei es Vorgesetzter, Freund oder eine Respektsperson in der Gemeinde) privat.

Dies gilt auch für das Geschäftsleben: Die einheimischen Mitarbeiter handhaben es mit ihren Fehlern bzw. Fehlverhalten so, indem sie ihren ausländischen Vorgesetzten umgehend darüber informieren und dabei aufrichtig um Vergebung bitten. Mit dem Verzeihen des Vorgesetzten rechnen sie dann auf eine neue Chance, es wieder gutzumachen. Hierbei sollte man daran denken, dass der Vorgesetzte die symbolische Rolle eines Vaters in Indonesien hat, der gütig und verständnisvoll mit seinen „Kindern" umgeht (vgl. Kap.5.2).

3.5 Bei der Begegnung: Name, Titel, Information

Bei der Begegnung legen die Indonesier großen Wert auf die Begrüßungsformen, weil es für sie einen Ausdruck der Kultiviertheit und des gegenseitigen Respekts der beteiligten Personen bedeutet. Man begrüßt sich in der Regel mit einem leichten Händedruck (shake hand), Kopfnicken und mit einem Lächeln. Die Damen sowohl aus dem Westen als auch Musliminnen sollten mit dem Händeschütteln erst abwarten, bis ihr indonesischer bzw. westlicher Gesprächspartner seine Hand ausstreckt; ansonsten wird nur mit Kopfnicken, Lächeln und mit einem ganz kurzen Augenkontakt gegrüßt.

Die Personennamen betrachten die Indonesier als heilig. Mit der Namensgebung wird der persönliche Status, der soziale Rang, der Beruf des Familienoberhauptes und die ausgeübte Tätigkeit sowie teilweise sogar das Sternzeichen mit dem Geburtstag vermittelt. Der persönliche

Name präsentiert auch die verschiedenen ethnischen Zugehörigkeiten.
Der Titel, d. h. eine akademische, berufliche, adelige oder militärische
Rangbezeichnung, spielt eine wichtige Rolle und sollte auf jedem Fall
bei schriftlichem Verkehr immer genannt werden.
Bei der Vorstellung mit Visitenkartentausch sollte man sich den Namen
des indonesischen Gesprächspartners gut merken. Es ist kein Fehler,
den Gesprächspartner den eigenen Namen wegen der richtigen Aussprache wiederholen zu lassen. Die Indonesier fügen eine Höflichkeits-
anrede in der regional üblichen Form hinzu. Oft wird aber nur der Vorname benutzt, besonders gegenüber ausländischen Besuchern; aber der
richtige Zeitpunkt für die Anrede mit dem Vornamen ist erst nach einiger Zeit des persönlichen Kennenlernens möglich und gilt als ein Ver-
trauensbeweis.
Zudem werden diverse Informationen über persönliche, berufliche und
familiäre Gebiete ausgetauscht, und gelegentlich wird eine gegenseitige
Anerkennung bzw. Bewunderung ausgesprochen (etwas über die großen Kinder oder über das gute bzw. gesunde Aussehen oder über den
schnellen beruflichen Aufstieg).
Grundsätzlich sollte man sich immer zurückhaltend verhalten und eine
Antwort erst dann geben, wenn man gefragt wird. Zu viele Informationen von sich aus preiszugeben, wird nicht geschätzt.
Ist man einmal ungewollt in Schwierigkeiten geraten, sollte man sich
freundlich, arglos, unwissend und ruhig verhalten. Was in einer solchen
Situation absolut zu unterlassen ist: halslaut die Unschuld zu beteuern
oder die Schuld einen anderen Beteiligten klar herauszustellen.

3.6 Smalltalk-Themen

In westlichen Ländern spielt im Geschäftsleben ein Smalltalk kaum eine Rolle, aber in Asien kann ein guter Smalltalk als ein gelungener Auf-
takt bewertet werden und so zum geschäftlichen Erfolg beitragen.
Wichtig sind nicht nur Kulturkenntnisse, sondern auch ein paar Sprach-
brocken in der Landessprache Bahasa Indonesia: Mit beiden Kenntnissen signalisiert man den Indonesiern die Sympathie für Land und Leute
und legt so den ersten Grundstein für ein Vertrauensverhältnis.
Zum Smalltalk gehören die üblichen Höflichkeitsfloskeln wie die Frage
nach der Anreise, nach dem Wetter oder Sport und dergleichen. Hinzu
kommen in Asien auch solche Themen, die das Land repräsentieren wie
Nationalsymbole, Flagge (vgl. Kap.1.1), Geschichte, Kultur und aktuel-
le Ereignisse. Darüber hinaus wird der Smalltalk je nach dem persönlichen Bekanntheitsgrad des am Smalltalk Beteiligten erweitert, und zwar

auf die in die persönliche Sphäre reichenden Themen (wie die Gesundheit der Familienmitglieder, schulische Ausbildung und der Militärdienst der Kinder). Übrigens sind die Indonesier sehr stolz, Soldat zu werden, und das wird sogar als persönliche Ehre in der Familie hochgehalten; eine besondere Auszeichnung ist es, wenn ein Sohn in eine der drei Militärakademien aufgenommen wird und eine Offizierlaufbahn einschlägt. Aber man sollte sich auf keinem Fall verkrampft in ein Smalltalkthema vertiefen oder ein Thema zu sehr politisieren.

Jederzeit als Smalltalkthema geeignet sind kulturelle Besonderheiten Indonesiens. Ein Beispiel ist das Schatten- bzw. Puppenspiel „Wayang Kulit" auf Java und Bali, das weltweit die indonesische Kultur repräsentiert.

Über gesellschaftliche Probleme (wie Luftverschmutzung) sollte man nur vorsichtig sprechen. Das Beispiel Luftverschmutzung ist ein leidiges Thema sowohl für den Einheimischen als auch für die in Indonesien arbeitenden ausländischen Arbeitskräfte. Es ist ein chronisches Problem, das meistens durch verheerende Waldbrände entsteht und die Gesundheit nicht nur der Indonesier gefährdet, sondern auch die der Einwohner der Nachbarländer wie Malaysia und Singapur. Der Qualm behindert den Flug-, Schiffs- und Autoverkehr und erzwingt das Schließen von Schulen und Behörden. Teils ist es naturbedingt (durch das El-Niño-Phänomen), aber meistens tragen die Schuld die Holz- und Papierindustrie, der Plantagenanbau und die Industrie sowie der Verkehr mit seinen Abgasen.

Drei Dinge sollte man beachten: Erstens sprechen die Indonesier unverblümt über ihren Nationalstolz. Auch viele indonesische Geschäftsleute bzw. Manager, die sich weltoffen, gebildet und oft mit Auslandserfahrung präsentieren, sprechen über ihren Nationalstolz. Diese Haltung ist keine Schwäche, sondern eben Stolz. Zweitens sind die Indonesier individuell zu betrachten, aber nicht in dem Sinne, was man darunter im Westen versteht, d. h. sie stehen nicht über dem Land bzw. der Nation, sondern sind Teil des indonesischen Volkes. Vor diesem Hintergrund betrachten die Indonesier einen ausländischen Manager oder Geschäftsmann zunächst als Vertreter seiner Nation und seines Volkes, bevor man ihn als Individuum wahrnimmt. Mit Äußerungen über das eigene Land, besonders mit gesellschaftskritischen Themen, sollte man behutsam vorgehen und dabei nicht vergessen, seinen Nationalstolz diskret zu zeigen. Wer als Ausländer diesen nicht zu erkennen gibt, wird bei Indonesiern als unglaubwürdig eingestuft.

Drittens lieben die Indonesier den Humor, weil er das Kennenlernen und das Zusammenarbeiten erleichtert. Die Kunst des Humors ist nun einmal in jedem Kulturkreis eigentümlich ausgeprägt, und man sollte ihn vorsichtig dosieren; am besten ist es, ein bisschen Selbstironie zu pflegen und über sich selbst zu lachen.

3.7   Geschäftsessen

3.7.1   Etikette beim Essen

Die Indonesier lieben indonesisches Essen sehr und daher bieten sie es gern ausländischen Gästen an (vgl. Kap. 4.1.2.2). Falls man ein Essen aus irgendeinem Grund nicht essen mag, ist es kein Problem, es einfach auf dem Teller stehen zu lassen.

Die Indonesier essen mit der rechten Hand. Wird man von seinem indonesischen Geschäftspartner in ein traditionelles indonesisches Restaurant eingeladen, dann sollte man sich auf einiges gefasst machen: Es wird zunächst von lächelndem Personal eine Schüssel mit Wasser und ein Stück Zitrone gereicht. Dieses Wasser, in das die Zitrone gepresst wird, ist nicht zum Trinken gedacht, sondern zum gründlichen Waschen der rechten Hand. Die Indonesier benutzen die Hand deshalb, weil sie die rechte Hand für rein halten. Das traditionelle indonesische Essen besteht aus gekochtem Reis und aus vielen unterschiedlichen, frisch zubereiteten Beilagen. Man mischt zunächst den Reis mit den gewählten Beilagen mit der rechten Hand (genauer gesagt mit den rechten Fingern), und dann isst man es mit derselben Hand. Für die einzelne Beilage benutzen sie aber einige Extrabestecke, die nur zum Auftragen des Essens auf den eigenen Teller gedacht sind.

Viele Ausländer, die das Essen mit dem Besteck oder mit Stäbchen gewohnt sind, finden diese Esssitte unhygienisch bzw. unappetitlich. (vgl. Kap. 5.1.2). Aber wenn man diese Handlung genau betrachtet, findet man sie in jeder Kultur, z. B. wird in Europa der Pizza- oder Brotteig mit der Hand gemacht, und beim Essen reißt man ein Stück von der Pizza oder dem Brot und isst es mit der Hand. Oder in Japan wird das Sushi, welches von den japanischen Speisen weltweit als die bekannteste gilt, mit bloßen Händen zubereitet, und manche essen es nur mit der Hand. In vielen indonesischen Restaurants werden bei einem offiziellen Essen oder einer Feier Löffel und Gabel angeboten, wobei man die Gabel in der linken Hand hält, um mit ihr das Essen auf den Löffel zu schieben.

Die wichtigste Regel beim Geschäftsessen ist, dass man die Freude am Essen teilt und die Gastfreundschaft des einheimischen Gastgebers respektiert. Es gilt als empfehlenswert, einfach alle Speisen zu kosten. Mit dem Reis, der Hauptnahrung, sollte man sorgsam umgehen und möglichst kein Reiskorn unachtsam verschwenden. Vorsichtig sein sollten ausländische Gäste, die nicht viel Erfahrung mit scharfem Essen haben und mit den beigelegten Gewürzen; ein Beispiel dafür ist der kleine grünfarbige, sehr scharfe Chili („Jabera wae" genannt), welcher mit Sojasauce und Essig als Gewürz auf einem kleinen Teller serviert wird.

Über viele ungewohnte Nebensächlichkeiten und Begleiterscheinungen (z. B. mit der Hand essen, unbekannte Zutaten, ungewöhnliche Geräuschkulisse, fremdartiger Umgang mit dem Besteck) sollte man großzügig hinwegsehen.

Übrigens genießen die Indonesier auch gerne aufgrund des niederländischen Einflusses Brot, Butter und Milch, obwohl sie als Hauptnahrung Reis essen und es ohne Reis fast keine Mahlzeit gibt. Religionsbedingt gibt es weder Alkohol noch Schweinefleisch (außer in internationalen Hotelrestaurants) auf dem Speiseplan, aber dafür gibt es keine Auflagen und Einschränkungen für Raucher, wobei dies in Jakarta nur in der Raucherzone in Restaurants, Bars und Hotels zulässig ist. In Indonesien rauchen schon die Jugendlichen im Alter von 12 bis 13 Jahren, und das Rauchen ist jedem erlaubt, der gerade daran Freude hat – jung oder alt, Mann oder Frau. Seit einiger Zeit praktiziert das Land jedoch einen rigorosen Nichtraucherschutz, der auf die Hauptstadt Jakarta eingeschränkt ist (vgl. Kap.4.1.3).

Die Einladung zum Geschäftsessen ist nach wie vor ein wichtiger Bestandteil des Business in Indonesien. Aber bevor man ein wichtiges Geschäftsessen oder gar ein Bankett zur Mittagszeit an einem Freitag organisiert, sollte man sich bei den Gastgebern informieren, ob es überhaupt sinnvoll ist und wie viele Personen wegen des Freitagsgebets daran nicht teilnehmen können (vgl. Kap.1.4).

Was die Bezahlung im Restaurant angeht, ist zu sagen, dass der Einladende, der Gastgeber, dafür immer zuständig ist. Getrennte Bezahlung ist unüblich und wird als ungehörig betrachtet.

Vor einem Restaurantbesuch oder bei einer privaten Einladung sollte man den Kindern beibringen, sich rücksichtvoll gegenüber anderen Anwesenden zu verhalten. Indonesier lieben zwar Kinder über alles, aber sie haben für die westliche, antiautoritäre Erziehung kein Verständnis.

Ein wichtiger Hinweis für die ausländischen Mitarbeiter bzw. Manager, die in Indonesien eine Zeitlang arbeiten bzw. während einer Dienstreise unterwegs sind, ist das ausreichende Trinken: am besten klares Wasser und täglich ein Glas Wasser mit einer Salztablette.

3.8 Geschenke – Farben und Zahlen

Das Schenken und das Beschenktwerden ist in Indonesien eine Tradition. Wenn man mit dieser Tradition richtig umgeht, ist es sehr hilfreich. Hier einige Hinweise diesbezüglich:

(a) Beim Schenken sollte man den Anlass, die ethnische und die religiöse Zugehörigkeit und die soziale Schichtzugehörigkeit des zu Beschenkenden berücksichtigen.

(b) Bei dem „Geschenktausch-Ritual" sollte auf die Körperhaltung geachtet werden, und zwar höflich, freundlich und respekterweisend.

(c) Für das Geschenk bedankt man sich nicht förmlich, sondern nur mit einem Lächeln und Kopfnicken.

(d) Das Geschenk wird nicht vor dem Schenkenden ausgepackt; Ausnahme ist, wenn ein Ausländer bei einem offiziellen Anlass ein Geschenk überreicht bekommt, dann sollte er es auspacken und mit einem Lächeln freundlich dafür danken.

(e) Bei einem Privatbesuch sollte man sich über einen schönen Gegenstand im Haushalt des Gastgebers (z. B. traditionelles Kunsthandwerk) nicht überschwänglich äußern, sonst fühlt sich der Gastgeber gezwungen, es demjenigen zu schenken.

(f) Hat man ein Geschenk von Einheimischen erhalten, sollte man sich bei einem passenden Anlass revanchieren, und zwar mit einem vergleichbar wertvollen oder mit einem etwas teureren Geschenkartikel.

(g) Als Geschenkartikel wird ein Mitbringsel aus der westlichen Heimat gern angenommen. Bei Büro- oder Ämterbesuchen sind gängige neutrale Präsente wie Kalender, Kugelschreiber, Briefbeschwerer oder eine Tischuhr geeignet, wobei auf jedem Geschenkartikel einige Angaben des schenkenden Unternehmens gut erkennbar angebracht werden sollten. Die Firmenangaben sollten das Logo, den Namen, die Adresse und die Nation enthalten, besonders wichtig ist die Angabe „Germany". Die einheimischen Beschenkten zeigen diese Art von Geschenkartikeln stolz herum, und sie befestigen sie oft sichtbar beispielsweise an ihrem Hemd.

(h) Beim Privatbesuch ist ein neutraler Geschenkartikel wie ein Blumenstrauß, Süßigkeiten oder ein Präsentkorb aus lokalen Delikatessen üblich. Gibt es in der zu besuchenden Familie Kinder, dann sollte man eher ein Geschenk für die Kinder mitnehmen, etwa eine Schachtel mit ausländischen Süßigkeiten aus dem

Handel oder einen Obstkorb aus dem Ausland. Mit solchen Ge-
schenken wird man nach zwei oder drei Besuchen als ein gern
gesehener, beliebter Gast akzeptiert. Bei der Auswahl von Obst
ist es ratsam, ausländisches Obst (z. B. Äpfel) mitzunehmen,
weil es in Indonesien einige ungeschriebene Tabus betreffend
der Obstsorten für die weiblichen Kinder gibt; beispielsweise
sollte man einem Mädchen keine Ananas, Banane oder Papaya
geben.

(i) Im Betrieb: Man braucht zwei verschiedene Hochzeitsgeschen-
ke, wenn zwei Mitarbeiter in einem europäischen Unternehmen
an verschiedenen Tagen eines Monats heiraten, wovon einer ein
leitender Angestellter islamischen Glaubens aus der Oberschicht
ist und der andere eine christliche Sekretärin chinesischer Abstammung aus der Mittelschicht. Der ausländische Vorgesetzte
hat dann den Inhalt des Geschenkes richtig und angemessen aus-
zuwählen. Im ersten Fall kann für die Firma ein adäquates Geschenk durchaus kostspielig werden. Im zweiten Fall wäre ein
neutrales Geschenk besser, wobei man im Betrieb die Spenden-
kasse organisiert. Es ist eine freiwillige Spendesammlung der
Belegschaft für verschiedene Anlässe (z. B. Hochzeit, Trauer,
Geburtstag, Jubiläum). Die gesammelten Spenden überreicht der
zuständige Chef mit einer beigefügten Karte (mit der Unterschrift aller daran Beteiligten) im Namen der Abteilung bzw.
Firma.

Bei der Verpackung eines Geschenkes und bei der Bestimmung der Anzahl der Geschenkinhalte sollte man bezüglich der Farben und Zahlen
Folgendes achten:

(a) Weiß und schwarz (bzw. blau) symbolisieren den Tod bzw. die
Trauer.

(b) Die Gelb- und Goldfarbe wird mit Macht und Herrschaft in Verbindung gebracht; in manchen asiatischen Ländern, besonders
was die Goldfarbe anbelangt, waren diese Farben für das gemei-
ne Volk in früheren Zeiten nicht erlaubt.

(c) Rot und orange sind sehr gern gesehen und werden häufig benutzt, weil sie beide für Glück, Freude und Reichtum stehen,
wobei die Farbe Rot zusätzlich noch den Mut charakterisiert.

(d) Mit der grünen Farbe wird der Islam repräsentiert; in dieser Farbe werden auch viele religiös geführte Bildungsstätten in verschiedenen Formen markiert.

(e) Für die Chinesen: Die Zahl 4 wird mit dem Tod in Verbindung gebracht und alle ungeraden Zahlen sind negativ besetzt außer der Zahl 3.

(f) Die Zahl 3 bedeutet das Leben, wobei sie für die Chinesen zusätzlich „lang" symbolisiert.

(g) Die Zahl 3 (lang und Leben), 6 (Leichtigkeit) und 8 (Glück und Reichtum) sind Glücksbringer.

(h) Die Zahl 99 ist die heilige Zahl für die Muslime.

3.9 Kleiderordnung

Es gibt in Indonesien keine besondere Kleiderordnung wie in Japan. In dem tropischen bzw. subtropischen Klima haben die Indonesier ein pragmatisches Verhältnis zur Kleiderordnung entwickelt; Kleidung soll zweckmäßig, bequem, leicht, dezent, problemlos waschbar und ungebügelt tragbar sein. Die einheimischen Männer tragen oft ein langarmiges Batikhemd zu allen Tageszeiten. Nur bei einem besonderen Anlass tragen sie dann einen leichten Anzug aus Leinen mit Krawatte. Das indonesische Batikhemd wird oft als Geschenk des Gastlandes den ausländischen Politikern bei internationalen Meetings wie beim Asean-Gipfeltreffen überreicht. Den westlichen Managern ist daher zu empfehlen, ein bequemes, luftiges Hemd wie die Einheimischen zu tragen, wobei bei Geschäftsterminen stets formelle Kleidung erwartet wird.

Die westliche Managerin bzw. Geschäftsfrau sollte sich im Hinblick auf den Islam dezent kleiden, das heißt: nicht zu sehr freizügige, kurze, transparente und ärmellose Sachen tragen. Ein Kopftuch, welches weibliche Personen nach der Keuschheitsvorschrift zur Verhüllung von Kopf und Hals benötigen, sollte eine Managerin auch für alle Eventualitäten bei sich haben.

Aufgrund der westlichen Ernährungsgewohnheiten und der klimabedingten körperlichen Reaktion sollte ein ausländischer Manager immer einen Deostift bzw. ein Deospray mit sich führen, und zwar möglichst ohne Duftstoffe. Aus dem gleichen Grund ist es zu empfehlen, täglich ein frisches Hemd bzw. eine frische Bluse anzuziehen. Steht ein geschäftliches Abendessen auf dem Terminkalender, sollte man es nochmals vorher wechseln. Die Geruchsbelästigung im Büro bzw. am Arbeitsplatz ist nicht angenehm, zumal Frische und Sauberkeit ein sehr hoher Stellenwert im Berufsleben eingeräumt wird.

An der richtigen und angemessenen Bekleidung wird das Land eines ausländischen Managers gemessen, weil die Einheimischen jeden von ihnen für den Repräsentanten der jeweiligen Nation halten.

4   Geschäftliche Rahmenbedingungen und Verhandlung

4.1   Wirtschaftspolitische Rahmenbedingungen

Die indonesische Regierung verfolgt eine marktwirtschaftliche Wirtschaftspolitik. Der seit Oktober 2004 amtierende Präsident forciert trotz innerpolitischer Widerstände behutsam seine Reformpolitik. Indonesiens Regierung knüpfte an den „2. Infrastructure Summit" an: Dieser Gipfel präsentierte erneut zahlreiche PPP-Projekte (Public Private Partnership) für private Investoren. Mit diesem zweiten „Infrastruktur-Gipfel", der Anfang November 2006 in Jakarta stattfand, versuchte die Regierung, die Investoren mit verbesserten gesetzlichen Rahmenbedingungen (ebenso mit Fortschritten bei der Risikoabsicherung) vor Ort zu überzeugen. Das Land hofft auch private ausländische Kapitalgeber in dem Sektor zu gewinnen. Hierzu stehen den ausländischen Investoren das Coordinating Ministry of Economic Affairs, der National Development Planning Board (Bappenas) sowie die Indonesian Chamber of Commerce and Industry (Kadin) zur Seite.

Der Staat bemüht sich mit seiner Steuerungsmacht, besonders die ungleiche Verteilung des Einkommens zu nivellieren. Denn allein über 27 Prozent der Gesamtbevölkerung leben unter der Armutsgrenze, und fast die Hälfte der Bevölkerung ernähren sich von der Landwirtschaft. Rund 80 Prozent des Wohlstandes sind in Jakarta konzentriert. Eine sehr kleine Elite bildet die Oberschicht, und die Mittelschicht ist nur in den Städten vorzufinden.

Die Regierung versucht auch im Rahmen der Demokratisierung, die unter dem Diktator Suharto entstandene Zentralregierung zu dezentralisieren, um den Provinzregierungen mehr Gestaltungsmöglichkeiten bei der wirtschaftlichen Entwicklung zu gewähren. Jedoch verlangsamen sich die Entscheidungen durch die Dezentralisierung, da die Entscheidungswege länger wurden. Zudem sind auf Provinz- und Regionalebene viele Staatbedienstete nicht ausreichend vorbereitet bzw. ausgebildet, um ihre neuen Handlungsspielräume zu nutzen: Sogar viele Beamte vermeiden aus Angst, das Falsche zu tun, überhaupt Entscheidungen zu treffen, oder sie verschieben sie auf unbestimmte Zeit.

Zu erwähnen ist eine Besonderheit in der Wirtschaftspolitik: Eine undurchsichtige Verflechtung von Staat, Unternehmen und Militär, wobei die traditionell stark ausgeprägte Korruption und Vetternwirtschaft (Nepotismus) wie ein Bindeglied zwischen den Institutionen wirkt. Dass die Korruption die wirtschaftliche Entwicklung lähmt und internationale Investoren abschreckt, weiß die Regierung längst, aber das Land tut sich schwer beim Kampf gegen die Korruption (vgl. Kap. 4.1.3). Seitdem die neue Regierung 2004 im Amt ist, greifen die indonesischen Behörden im Kampf gegen die Korruption im Lande mit zunehmender Härte durch, so dass immer mehr Fälle vor Gericht kommen und immer mehr Täter verurteilt werden. Zudem ist das Land der UNO-Konvention gegen Korruption beigetreten. Mit Hilfe der Deutschen Gesellschaft für Technische Zusammenarbeit (GTZ) hat Indonesien bereits eine Analyse der Bereiche vorbereitet, in denen die Ziele des Rahmenwerkes verfehlt werden.

Seit 2004 ist auch eine spezielle Kommission zur Bekämpfung der Korruption ins Leben gerufen worden: die staatliche Anti-Korruptions-Kommission. Diese Behörde wurde mit sehr weitreichenden Kompetenzen bei der Strafverfolgung gestattet; beispielsweise darf sie Warenlieferungen im Zollamt überprüfen. Diese Behörde verfolgt auch die Veruntreuung der öffentlichen Gelder, die Unregelmäßigkeiten in den Bilanzen von Staatsunternehmen oder die Beschaffungskorruption für Infrastrukturprojekte wie beim Busnetz in Jakarta oder bei der Reform des Energiesektors. Aber die hauptsächlichen Probleme liegen zum einen bei der Umsetzung der betreffenden Gesetze bzw. Bekämpfungspläne und zum anderen beim mangelhaften Problembewusstsein der Bevölkerung. Die meisten Indonesier nehmen nur die großen Fälle wie die Bestechung bei der Vergabe öffentlicher Aufträge oder die Veruntreuung staatlicher Gelder als Korruptionsdelikte wahr. Jedoch halten sie die Korruption im Alltag wie die Bestechung eines Arztes, Lehrers, Richters oder eines Polizisten für ein kleineres Übel, da die Bediensteten im öffentlichen Dienst ihre niedrigen Gehälter mit solchem Nebenverdienst aufzubessern versuchen.

Etwa 300 indonesische Großunternehmen (Konglomerate) teilen sich den heimischen Markt, wobei allein zehn dieser Riesen ein Drittel des Wirtschaftsgeschehens kontrollieren. Zudem gibt es eine ganze Reihe von Staatsunternehmen, die oft von Militärangehörigen gesteuert werden und die auch eine nicht zu unterschätzende Macht auf den Markt ausüben.

Seit der Asien-Finanzkrise 1997 sind viele wirtschaftliche Reformen in die Wege geleitet worden, die den Bankensektor, die Subventionspolitik oder Deregulierungsmaßnahmen betreffen. Die Regierung stärkt hierbei die Rolle der Klein- und mittelständischen Unternehmen (KMU), zu denen mehr als 95 Prozent aller indonesischen Betriebe zählen und die bis dahin nur stiefmütterlich behandelt wurden. In dieser Hinsicht ist zu empfehlen, bei der Zusammenarbeit mit einem indonesischen Unternehmen auch indonesische Lieferanten (zumindest einen) einzubeziehen und möglichst eine Teilproduktion vor Ort aufzubauen. Es wird nach wie vor Kritik laut gegen die Schwachstellen des Wirtschaftssystems wie gegen die weitverbreitete Korruption, kartellartige Absprachen innerhalb verschiedener Branchen oder vetternwirtschaftliche Praktiken, die noch nicht energisch genug bekämpft werden. Unter ausländischen Investoren kursiert die ironische Frage: „Kennen Sie die Regeln des Spiels?".

Deutschland ist Indonesiens wichtigster Handelspartner innerhalb der EU-Länder, und indonesische Unternehmen importieren vorrangig hochwertige Industriegüter wie Maschinen für die Kunststoffproduktion und für die chemischen Anlagen sowie chemische Erzeugnisse aus Deutschland. Auf der deutschen Seite wird den für ein Geschäft in Indonesien Interessierten beispielsweise das German Centre als Hilfe angeboten. Die Kernidee des German Centre besteht vor allem darin, deutschen mittelständischen Unternehmen bei der Erschließung der indonesischen Märkte zu helfen, und zwar in einer multifunktionalen Gewerbeimmobilie mit bedarfsgerechten und kostengünstigen Flächen für Büros, Ausstellungen, Konferenzen, Werkstätten, Forschungseinrichtungen und Lager. Auf dem Bumi Serpong Damai (in einem Außenbezirk Jakartas) steht das German Centre for Industry and Trade, ein deutsch-indonesischer Gewerbepark, ein deutsch-indonesisches Institut für Berufsbildung und eine neue deutsche Schule. Außenwirtschaftliche Unterstützung finden die deutschen Unternehmen unter anderem beim   Asien-Pazifik-Ausschuss,   EKONID   (Deutsch-Indonesische Kammer) und dem Landesgewerbeamt in den jeweiligen Bundesländern. Von der Europäischen Union wird das Unternehmen beispielsweise mit Finanzmitteln unterstützt, vor allem von der Europäischen Investitionsbank, die auch eine Vertretung in Jakarta hat. Sie bietet im Rahmen des „Business & Information Development Service" unter anderem einen „Matching Service" (für die Partnersuche), die Bereitstellung maßgeschneiderter Informationen (z. B. Marktchancen, Liefer- und Technologietransferquellen) oder die Logistik (Beschaffung, Sourcing).

4.1.1 Geschäftsverständnis der Indonesier

In ihrer wechselvollen Geschichte haben sich die Indonesier ihr Geschäftsverständnis geformt. Die besondere Prägung mit ausländischem Business erlebten sie während der über 350 Jahre andauernden niederländischen Kolonialzeit, was nach wie vor die älteren Generationen von indonesischen Geschäftsleuten nachhaltig prägt. Es gibt nämlich die Überzeugung, dass ausländische Geschäftleute letztlich nur mit der Absicht der Gewinnmaximierung und der sachorientierten Zielsetzung ins Land kommen. Sie bleiben scheinbar nur solange „Freunde des Landes", wie das Geschäft läuft, und daher pflegen sie einen möglichst unpersönlichen, distanzierten Umgang zu Einheimischen und sind im Grunde stets Fremde. Oder die Ausländer handhaben ihr geschäftliches Vorhaben wie die eingewanderten Chinesen; sie lassen zwar die Einheimischen an ihrem Geschäft minimal teilhaben, aber sie selber bleiben im Großen und Ganzen unter sich und heimsen den Gewinn und den Wohlstand weitgehend für sich ein.

Die westliche Art des Business, eine geschäftliche Beziehung aus rationalen, ökonomischen und strategischen Überlegungen zu knüpfen, ist für die meisten indonesischen Geschäftsleute unverständlich, unpersönlich oder sogar suspekt. Denn in Indonesien wie in vielen anderen asiatischen Ländern macht man Geschäfte mit Freunden und unter Freunden. Sie zeigen ihr Interesse beim geschäftlichen Besuch eines ausländischen Investors, und sie sind höflich und wohlwollend gegenüber dem ausländischen Investor, aber sie brauchen Zeit, um überhaupt ein Geschäft mit einem Ausländer einzugehen.

In diesem Zusammenhang ist zu erwähnen, dass die indonesischen Unternehmer bzw. Geschäftsleute in drei Kategorien unterteilt werden können; zur ersten Kategorie zählt die Wirtschaftselite mit westlichen Ausbildungen, Erfahrungen und Kenntnissen, und sie haben keine Probleme bzw. Schwierigkeiten, mit westlichen Unternehmen unter den international gängigen Businessbedingungen zu arbeiten. Ihre Einstellung ist nationalistisch geprägt, aber sie sind im Geschäft weltoffen und liberal. Die meisten von ihnen sind in den Städten zu finden, und sie sind zahlenmäßig eine Minderheit im indonesischen Unternehmertum. In der zweiten Kategorie ist eine große Gruppe von den Geschäftsleuten zu finden, die ihre formale Ausbildung im Inland, aber auch zum Teil im Ausland (sogar manche mit einem Abschluss) erhalten haben. Diese Leute arbeiten überwiegend in den Städten, und sie vertreten eine konservative bzw. fanatische Einstellung zum Geschäft und zum Nationalismus, so dass sie sich vehement für eigene Interessen bzw. Vorteile einsetzen. Sie nehmen zu diesem Zweck auch den Nationalstolz als Vorwand, ohne große kulturelles Verständnis des eigenen Erbes zu haben. Sie bevorzugen den materiellen Komfort des westlichen Lebensstils, und sie legen mehr Wert auf die formalen Dokumente (wie Zeugnisse oder Zertifikate) als äußerliche Insignien des sozialen Aufstieges. Sie unterhalten zu den kaufmännischen Gepflogenheiten und der Vorstellung von kaufmännischer Redlichkeit und Ehrbarkeit (z. B. Vertragsvereinbarung) ein zwiespältiges Verhältnis. Sie zeigen offen ihr Interesse an materiellen Vorteilen (z. B. einem Statusgewinn), und ihr geschäftliches Verhalten ist dementsprechend opportunistisch. In der letzten Kategorie sind die meisten indonesischen Geschäftsleute zu finden, die auf dem Lande und in Kleinstädten tätig sind und einen kleinen bzw. mittelsständischen Betrieb unterhalten. Sie haben wenig Kontakte zu westlichen Unternehmen, aber sie respektieren das westliche Geschäftsgebaren. Die hierzu zählenden Unternehmer sind tief verwurzelt in der indonesischen Kultur, und ihr geschäftliches Handeln beruht auf traditionellen Werten.

Die Indonesier bevorzugen ein Geschäft in der Stille, und sie überprüfen die Grundlagen für ein Geschäft sorgfältig und gelassen: Sie wollen vor einer verbindlichen geschäftlichen Anbahnung beispielsweise herausfinden, wie ernst das Geschäftsvorhaben des ausländischen Unternehmers einzustufen ist und was für eine glaubwürdige und zuverlässige Persönlichkeit der betreffende ausländische Investor aufweist. Oder sie möchten im Voraus klären, wie langfristig der ausländische Investor seine geschäftliche Absicht plant. Ebenso wollen sie wissen, wie gut der Investor mit den indonesischen Sitten und Konventionen vertraut ist und nicht zuletzt wie gut er die Grundzüge der indonesischen Wirtschaft versteht.

4.1.2 Grundlagen des Geschäftsaufbaus

An dieser Stelle werden einige wichtige „ungeschriebene" Regeln erläutert, die die Grundlagen des Geschäftsaufbaus in Indonesien bilden.

4.1.2.1 Beziehungsnetzwerk

Das hierarchische Denken und Handeln ist in Indonesien im geschäftlichen und im sozialen Leben tief verwurzelt. Darauf beruht die beziehungsorientierte Vorgehensweise im Geschäft; man hat sein eigenes Beziehungsnetz auf allen Ebenen der Gesellschaft, Politik, Wirtschaft und auch zum Militär zu weben. Wie gut ein ausländischer Investor bzw. Manager an den richtigen Stellen und zu den entscheidenden Personen einen Kontakt knüpfen kann, beeinflusst den geschäftlichen Erfolg im Großen und Ganzen. Am besten nimmt man den Dienst eines einheimischen Beraters bzw. Fürsprechers an, der in der indonesischen Gesellschaft oder Wirtschaft bzw. Politik ein hohes Ansehen genießt und dessen Vermittlungsarbeit bei den Einheimischen gerne angenommen wird. Oder es kann eine Person sein, die als ältere Person in dem Ort eine besondere Reputation innehat, wo man sein geschäftliches Vorhaben realisieren möchte. Wer auch diese auserwählte Vertrauensperson sein mag, sie wird dem ausländischen Investor bzw. Manager in allen wichtigen geschäftlichen Anliegen bei örtlichen Behördengängen begleiten und beraten. Der Dienst einer solchen Person ist bei der Analyse der Qualität der indonesischen Unternehmen bedeutsam, wenn man mit einem einheimischen Unternehmen ein Jointventure eingehen bzw. nur teil- und zeitweise kooperieren oder eines akquirieren will. Es ist für einen in Indonesien unerfahrenen europäischen Unternehmer überaus schwer, da die indonesischen Unternehmen aufgrund der verschiedenen und der nicht international vergleichbaren Kriterien klassifiziert werden.

Eine weitere Möglichkeit zum Kontaktieren von indonesischen Unternehmen bzw. Managern bieten die so genannten Alumni Clubs, welche von ehemaligen indonesischen Auslandsstudenten in Deutschland gegründet wurden (vgl. Kap. 4.2).

4.1.2.2 Pflege der geschäftlichen Beziehungen

Hat man einen geschäftlichen Kontakt zu einem indonesischen Unternehmen geknüpft, sollte man ihn regelmäßig pflegen und hegen. Im Westen trifft man sich in einer Bar oder bei einer Runde Golf oder zu einem kulturellen oder sportlichen Event. Da Indonesier religionsbedingt keinen Alkohol trinken und auch keine Bar an der nächsten Straßenecke existiert, trifft man sich oft im Privaten, was eine Gepflogenheit der Indonesier ist. Dies zu nutzen ist sinnvoll, und es fördert geschäftliche Beziehungen.

Nachdem man sich bereits mit dem betreffenden indonesischen Gesprächspartner in der Firma einige Male getroffen hat, wird zunächst ein Geschäftsessen am Mittag in einem Restaurant erwogen. Zu einem späteren Zeitpunkt sollte man dann zu einen Besuch im Privaten übergehen. Ist ein ausländischer Manager zum ersten Mal privat bei einem indonesischen Gesprächspartner, sollte man ein Geschenk aus seinem Land mitnehmen; man übergibt es nach der aufwendigen Begrüßungszeremonie mit der Bemerkung, dass beispielsweise das Geschenk für die Gesundheit des Gastgebers und seiner Gattin gedacht sei, und zwar mit dem Hinweis, wie man es am besten zu sich nehmen sollte. Neben dem Geschenk sollte man einige Fotos von seiner Familie mitnehmen, damit man die Atmosphäre auflockert und dem indonesischen Gesprächspartner das Gefühl vermittelt, man bemühe sich, ihn wirklich persönlich kennen lernen zu wollen.

Indonesier bevorzugen die Einladung zu einem Abendessen zu Hause mit der Begleitung des Ehepartners. Ist ein Manager ohne Familie bzw. ohne Ehepartner vor Ort, dann sollte man die Einladung zum Abendessen auf einen späteren Zeitpunkt verschieben.

Was aber sehr wichtig bei der Kontaktpflege ist, ist die ganze Familie des indonesischen Gesprächspartners kennen zu lernen. Es ist für viele europäische Manager sehr ungewöhnlich, aber es ist eine sehr beliebte Tradition der Indonesier, weil man dadurch die Persönlichkeit des ausländischen Partners besser einschätzen kann. Das Kennenlernen der ganzen Familie bezieht sich z. B. auf die Struktur (Kinder, Großeltern, Verwandtschaft) und auf die Eigentümlichkeiten der Familie.

Zudem ist es ein offenes Geheimnis, dass man mit der Ehegattin des Indonesiers einen persönlich guten Kontakt unterhalten sollte, wenn man zu einem indonesischen Geschäftsmann oder einer bedeutenden Persönlichkeit eine gute Beziehung pflegen will. Denn die Hausherrin hat einen nicht zu unterschätzenden Einfluss auf ihren Gatten, und es ist traditionell üblich, dass auch geschäftliche Vorhaben zwischen Mann und Frau besprochen werden. Das Besprechungsergebnis dient zur Entscheidungsfindung des Mannes. Ein bekanntes negatives Beispiel im Lande war die Gattin des früheren Diktators Indonesiens Suharto; sie war berühmt und berüchtigt als die Dame mit 10 Prozent, wobei sie Korruption und Vetternwirtschaft zum immensen Schaden der indonesischen Volkswirtschaft maßgeblich gefördert hatte.

Besteht ein guter persönlicher Kontakt zu einem Geschäftspartner, dann ist es leichter, mit ihm über das Geschäft zu sprechen oder seine Hilfe für eine andere Angelegenheit zu erbitten. Hierbei sollte man auf die allgemeine Etikette achten und immer ruhig und leise mit einem Lächeln sprechen.

Die geeignete Besuchszeit: Hat die zu besuchende Person keine definitive Uhrzeit zu einem Besuch genannt, dann ist eine gute private Besuchszeit vor dem Abendessen so gegen 18.30 Uhr. Die Indonesier pflegen, sich generell am Tag zweimal zu waschen, das erste Mal nach dem Aufstehen und das zweite Mal vor dem Abendessen zwischen 17 und 18 Uhr.

Bei einem Privatbesuch wird in der Regel etwas zum Trinken serviert. Man trinkt jeden Schluck immer nur nach Aufforderung des Gastgebers und nicht nach Belieben; es ist eine besondere Sitte auf der Insel Java, wo die Hauptstadt Indonesiens liegt. Erschrecken Sie nicht, wenn die Indonesier barfuß in der Wohnung herumlaufen: es ist ebenso eine Sitte, besonders für die Frauen und die Bedienesten, beim Besuch die Schuhe und die Socken ausziehen und barfuß den Wohnraum zu betreten.

4.1.2.3 Personal

Die starke Beziehungs- und Gruppenorientierung der Indonesier zeigt sich auch darin deutlich, dass sie sich harmonisch, hierarchieorientiert und kollektiv in Bezug auf die Bedürfnisse, Ziele und Vorgaben der Gruppe verhalten. Diese Eigenschaften der Indonesier implizieren, dass es bei der Förderung der Arbeitsmotivation auf die angemessenen Rahmenbedingungen ankommt. Hierzu zählen unter anderem der harmonische Umgang zwischen Mitarbeitern und Management, eine starke Führung des Managements, eine Initiative von außen bei Problemlösungen, eine angenehme Arbeitsplatzatmosphäre, die Prestigegewinnung und die Wahrung familiärer Interessen. Die arbeitsinhaltlichen Interessen, die persönliche Zufriedenheit oder der Verdienst durch fachliche Beiträge sind zweitrangig, wenn es um die Wirksamkeit der Motivationsförderung der indonesischen Mitarbeiter geht. Darum wird auch von Führungskräften besonders ein hohes Maß an Improvisationsfähigkeit und an Sensibilität verlangt, wobei die letztere häufig zwingend notwendige Interventionen des Vorgesetzten erforderlich macht.
Unscheinbare Sachbearbeiter und Sekretärinnen sowohl in einem Privatunternehmen als auch in einer Behörde sollte man nicht unterschätzen bzw. übersehen. Denn letztlich erledigen sie operationale Kleinarbeiten. Insbesondere die Vorzimmerdamen, die in ihrer beruflichen Stellung meistens ihr ganzes Berufsleben lang arbeiten, haben einen Überblick über den Betrieb wie kaum ein anderer. Sie verfügen über einen enormen Erfahrungsschatz nicht nur über geschäftliche Gepflogenheiten, sondern auch über Informationen, was das Personal und den Betrieb und andere Dinge anbelangt. Sie vertreten ihren Chef und wissen, wie und wohin die Beziehungsfehde läuft, und die Vorzimmerdame ist eine der ersten Anlaufstellen im Betrieb, wo aus geschäftlichen Gründen die Kunden, Geschäftspartner, Lieferanten, Behörden oder ausländische Handelsvertretungen anklopfen. Diese Leute verfügen über eine unvorstellbare, wenn auch unscheinbare Hausmacht und oft

mehr: Bei der Zusammenarbeit bzw. Begegnung mit ihnen sollte man respektvoll und freundlich auftreten und die Beziehung zu ihnen genauso wichtig nehmen und pflegen wie zu höherrangigen Führungskräften. Unter Umständen erhält man von einer Sekretärin mehr Informationen als sonst irgendwo und auch andere nützliche Hinweise auf wichtige Kontaktkanäle in Indonesien.

4.1.2.4 Zeitverständnis

Wie im Kap.2.5.3 über die so genannte „Gummi-Zeit" bereits erläutert wurde, sollte man mit der Zeit und mit zeitlich verbundenen Sachverhalten wie geschäftlichen Terminen entspannter und gelassener umgehen als im Westen, wo Zeit Geld bedeutet.

Die Indonesier haben klima- und religionsbedingt ein sehr pragmatisches Zeitverständnis entwickelt, und die 24 Stunden des Tages werden in vier Abschnitte unterteilt: Pagi (von Mitternacht bis 11 Uhr morgens), Siang (11 Uhr bis 15 Uhr), Sore (15 Uhr bis etwa 18.45 Uhr) und Malam (18.45 Uhr bis Mitternacht). Nach dem Morgengebet beginnen die Einheimischen mit der Arbeit, und während der größten Mittagshitze machen sie Mittagspause mit Siesta wie in südeuropäischen Ländern, und dann führen sie am kühlen Nachmittag die Arbeit zu Ende. Ebenso gibt es verschiedene Zeitbestimmungen; so verwenden die Balinesen den Hindu-Kalender und die Muslime den islamischen Kalender. Aber im Geschäftsleben in Großenstädten mit modernen international orientierten Büros gilt der Tagesablauf mit der linearen 24-Stunden-Zeit.

In Indonesien wird generell die Zeit nicht mit Geld gleichgesetzt, und daher braucht man im wörtlichen Sinne sehr viel Zeit in allen Dingen. Was in diesem Umfeld gefragt ist, ist viel Geduld, Improvisationstalent und Flexibilität. Der Versuch, unter Zeitdruck einen geschäftlichen Plan oder eine geschäftliche Vereinbarung bzw. einen Termin zu erreichen, endet oft mit einem Misserfolg. Will man mit dem Geschäftspartner oder mit seinen Mitarbeitern in einem zeitlich begrenzten Rahmen etwas bewerkstelligen, dann sollte man mit ihm bzw. mit ihnen eine Herangehensweise mit Zwischenzielen formulieren und diese gemeinsam verfolgen. So bringt man den Einheimischen den Fortschritt als terminliche Notwendigkeit bei und motiviert sie, sich mit Begeisterung zu engagieren.

Die indonesische Einstellung zu „jam karet (Gummi-Zeit)" hat auch zwei Ausnahmen: Zum einen wird von Ausländern erwartet, pünktlich bei einem Termin mit einer ranghöheren Person zu erscheinen. In diesem Fall ist die Pünktlichkeit ein Muss. Zum anderen wird erwartet, dass der Geladene bei einer Einladung von gesellschaftlich höhergestellten Indonesiern bzw. Geschäftleuten früher erscheint, und zwar zwischen 15 bis 30 Minuten früher als die Einladungszeit, die auf einer Einladungskarte angegeben ist. Auf manchen Einladungskarten ist diese Aufforderung zum früheren Erscheinen wörtlich aufgedruckt. Es wäre klug, dieser Aufforderung Folge zu leisten.

4.1.2.5 Beamte in öffentlichen Ämtern

Im Umgang mit öffentlichen Ämtern sollte man zunächst wissen, dass sich indonesische Beamte in erster Linie nicht als „Diener des Volkes" verstehen, sondern als Chef bzw. als Respektperson im Amt. Das impliziert, beim Kontaktieren dieses Personenkreises die formale Respektbekundung nicht fehlen zu lassen, wenn auch diese Leute mit Steuergeldern finanziert werden und sie daher ihre Dienstleistung zu erbringen haben. Dieser Dienstleistungsgedanke ist bei ihnen nicht in dem Maße ausgeprägt wie im Westen.
Hat ein ausländischer Manager oder Investor mit den Behörden zu tun, sollte er den korrekten Dienstweg einhalten, obwohl von Indonesiern empfohlen wird, gleich zum Vorgesetzten des zuständigen Amtes zu gehen. Denn die Beamten beharren oft auf ihrer formalen Funktion und demonstrieren diskret ihre Macht- bzw. Einflussstellung, und zwar mit einer kleinen, aber wirkungsvollen Verzögerungstaktik. Zugleich vertuschen sie mit solchen Manövern ihre Angst vor der Übernahme der Verantwortung.
Man sollte sich beim Behördengang von einem angesehenen Einheimischen als Ombudsmann oder von einem im Umgang mit Behörden vertrauten älteren Mitarbeiter begleiten lassen. Als Ausländer sollte man sich nur mit einem Lächeln bei den Beamten vorstellen und um eine gute Zusammenarbeit mit ihnen und um ihren Rat bitten. Ist man allein zu einem Amtsbesuch unterwegs, sollte man mit dem zuständigen Beamten zunächst ein paar allgemeine Worte wechseln und dann die eigentlichen Besuchsgründe auf diese Weise scheinbar beiläufig erwähnen: „Oh, was ich noch fragen bzw. worum ich Ihren Rat erbitten wollte". Besonders beim Besuch der Ausländerbehörde sollte man respektvoll und höflich die Beamten kontaktieren beispielsweise mit den Worten: „Welchen Rat würden Sie mir geben, wenn ..."
Hat man es mit einem Polizeibeamten zu tun, sollte man ihm Möglichkeit geben, sein „unzureichendes" Englisch zu benutzen, vor allem dann, wenn ein Kollege anwesend ist. Und seine Autorität sollte man keineswegs in Frage stellen, ansonsten kann dies unangenehme Folgen

haben. Ratsam ist es, zunächst dem Polizisten zuzuhören und sich seinen Vorschlag aufmerksam und höflich mit einem Lächeln zu Gemüte zu führen.

Manche ausländischen Geschäftsleute, die die naturverbundene Mentalität und Arbeitsweise der Indonesier nicht verstehen, verurteilen die indonesischen Beamten als meist schlecht ausgebildete, träge und schläfrige „Eingeborene". Ihrer Einschätzung nach arbeiten maximal nur acht von 100 Beamten in einer Behörde mit genügend Fachkenntnissen, der nötige Eigeninitiative und Durchsetzungskraft. Die restliche Mannschaft trinkt Tee oder raucht die den charakteristischen Geruch Indonesiens verbreitenden Nelkenzigaretten und schweigt.

4.1.3 Rechtssicherheit

Verfassungsrechtlich ist die Rechtssicherheit garantiert, aber in der Praxis wird sie nicht immer korrekt umgesetzt und teilweise nachlässig gehandhabt. Und die Richter sind aufgrund ihres zu geringen Gehalts gegen die Korruption nicht gefeit. Diese Praxis will die Regierung ändern: Denn die Indonesier werden immer selbstbewusster und nehmen die Rechtssicherheit ernster denn je. Sie wollen gegen die Missachtung der Gesetze kämpfen, die zum Teil durch Korruption und Vetternwirtschaft jahrzehntelang begünstigt wurde, und so die Unanhängigkeit der Gerichtsbarkeit herstellen.

Diese Bemühungen der Regierung sollen an drei Beispielen näher erläutert werden. Das erste Beispiel betrifft den Umweltschutz und die Menschenrechtsverletzungen: Indonesien hat so viele und verschiedene Bodenschätze zum Abbau anzubieten und lockt mit „traumhaften" Bedingungen, ohne Rücksicht auf die Umwelt oder die Anwohner. Das ist der Grund, warum in Indonesien viele multinationale Bergbaukonzerne seit jeher operieren. Seit dem Sommer 2005, wo sich ein ausländischer Manager zum ersten Mal wegen des Vorwurfs der Umweltverschmutzung vor Gericht verantworten musste, beobachten die internationalen Investoren die indonesische Justiz genau. Ebenso verfolgt die Bevölkerung aufmerksam, wie ernsthaft und glaubwürdig die eigene Regierung in dieser Sache das Land vertritt. Es ist zunächst zweifelsohne eine schwere Herausforderung für die indonesische Justiz, weil sie Sorgfalt und Transparenz bei der Untersuchung der Vorwürfe walten lassen muss und weil dieser Fall Kriterien für die Bewertung Indonesiens bei internationalen Investoren liefern wird. Der Angeklagte ist Chef der indonesischen Tochterfirma des amerikanischen Goldminenkonzerns Newmont Mining Corp. Dem Unternehmen, das bereits die betroffene

Mine geschlossen hat, wird vorgeworfen, mit ins Meer abgeleiteten Abfallprodukten einer Mine die Gesundheit der Anwohner geschädigt zu haben. Newmont bestreitet die Vorwürfe.

Über die gängige Arbeitsweise eines ausländischen Bergbauunternehmens ist Folgendes zu sagen: PT Freeport Indonesia, eine Tochterfirma des US-Konzerns Freeport McMoran Copper and Gold, betreibt die weltgrößte Gold- und Kupfermine im Hochland West Papuas (Irian Jaya) seit den 1960er Jahren. Sie lässt täglich mehr als 100 000 Tonnen Rückstände aus der Erzförderung in den umliegenden Fluss Ajikwa fließen. Dies verursachte den biologischen Tod des Regenwaldes im Überschwemmungsgebiet des Flusses, und somit wurde die Lebensgrundlage der Bewohner zerstört. Die indonesischen Umweltschützer kritisieren seit langem die Praktiken dieser Firma und weisen darauf hin, dass sie die indonesischen Gesetze zum Umweltschutz und die Menschenrechte verletzen. Und sie kritisieren auch den eigenen Staat, dass er die Aufsichtspflicht und die richtige Umsetzung der Gesetze vernachlässigt.

Das zweite Beispiel bezieht sich auf den Schutz vor Luftverschmutzung und den Nichtraucherschutz: Die Regierung und das Stadtparlament Jakarta versuchen seit langem, konsequent gegen das Image Jakartas, eine der schmutzigsten Städte der Welt zu sein, anzukämpfen, was sich am Vorbild des blitzsauberen Nachbarstaates Singapur orientiert. Zur Senkung des Schadstoffausstoßes wird der Verkehr nur noch für Autos mit mehr als drei Insassen im Zentrum erlaubt, und es wurden spezielle Busspuren eingerichtet. Die Autofahrer wurden nach westlichem Vorbild zu Abgasuntersuchungen verpflichtet. Das neue Nichtrauchergesetz wurde mit einem Katalog von drakonischen Strafen (Geld- bzw. Haftstrafe) verabschiedet; es bezieht sich nicht nur auf sämtliche öffentlichen Gebäude (d. h. Behörden, Krankenhäuser, Gastronomie, Hotelgewerbe und Unternehmen), sondern auch auf die Straßen im Testgebiet in Jakarta (die beiden Hauptschlagadern Jalan Sudirman und die Jalan Thamrin). Das Rauchen ist nur in extra eingerichteten Raucherzonen (in Hotels und in der Gastronomie) erlaubt. Wenn man bedenkt, dass Indonesien zu den Ländern mit dem höchsten Raucheranteil gehört, ist diese Aktion eine sehr mutige Maßnahme.

Das letzte Beispiel betrifft die Unabhängigkeit der Justiz von der Religion. Ende September 2006 hat ein indonesisches Gericht trotz des weltweiten Protests drei Angehörige einer christlichen Miliz wegen eines nicht lückenlos bewiesenen Verbrechens hingerichtet. Man vermutet hinter dieser Aktion, dass die Regierung die überwiegend muslimische Bevölkerung besänftigen wollte. Die Regierung will damit auch zeigen, dass die Gerichtsbarkeit unabhängig vom Glaubensbekenntnis ist, und somit sich vom Vorwurf der Einseitigkeit zu befreien versucht. Denn sie haben demnächst die muslimischen „Bali-Terroristen" hinzurichten, die im Oktober 2002 bei den Bombenanschlägen auf der Insel Bali mehr als 200 Personen umgebracht haben.

Was die Rechtsicherheit bei Produktpiraterie anbelangt, ist dies in Indonesien immer noch für ausländische Investoren ein Problem, die sich weiterhin intensiv mit dem Markenschutz auseinandersetzen müssen. Es mangelt nicht an Rahmenbedingungen zum Schutz geistigen Eigentums, sondern wie so oft an der praktischen Umsetzung. Obwohl die Regierung Produktpiraten mit drastischen Sanktionen droht, ist das aktive Engagement der industriellen Unternehmen und Verbände weiterhin notwendig. Denn immer mehr Branchen sind von Produktpiraterie betroffen, wobei sich in letzter Zeit besonders der Software-Sektor und zunehmend auch die Pharma-Branche darüber beklagen.

4.2 Investitionsmöglichkeiten

Der geschäftliche Einstieg in Indonesien scheint seit 2006 sehr günstig zu sein; zum einen werden in vielen Wirtschaftsbereichen ausländische Kooperationspartner bzw. Investoren gesucht. Zum anderen stehen bis zu 49 Prozent der chronisch notleidenden indonesischen Unternehmen zum Kauf. Die Kritik am vermeintlichen Ausverkauf des Tafelsilbers zu Niedrigpreisen ist noch lauter geworden, seitdem das staatliche Unternehmen PT Indonesia Satellite an den Singapurer Telefonkonzern ST Telemedia im Jahre 2002 verkauft wurde. Ein Aushängeschild Indonesiens, die staatliche indonesische Fluggesellschaft PT Garuda Indonesia, steckt seit 2006 in der Krise und sucht einen finanzstarken Partner. Die Regierung in Jakarta dementiert die Verkaufsabsichten für Garuda, aber sie bemüht sich weiterhin um ein Privatisierungsprogramm Indonesiens. Indonesien verfügt über mehr als einhundert Staatskonzerne.

Auch bei Investitionen in den chemischen Anlagenbau und die Kraftwerksprojekte befürwortet die indonesische Regierung die Beteiligung ausländischer Investoren; an den letzteren wird auch die Privatwirtschaft beteiligt, und dabei wird der Schwerpunkt auf die Förderung der Kohle- und Erdgaskraftwerke gelegt. In diesem Zusammenhang ist zu erwähnen, dass die Regierung mit dem Gas-Pipeline-Bau zwischen Kalimantan und Java beginnt, um die reichlich vorhandenen Gasvorkommen nicht nur für den Export, sondern auch auf dem Inlandsmarkt stärker zu nutzen. Hierzu stehen auch infrastrukturelle Großprojekte im Bereich Distribution an, die eine Expertengruppe gerade prüft.

Es ist in Indonesien noch kein Thema, eine landesweite Recycling-Politik einzuführen, obwohl die Müllentsorgung zu einem immer größeren Umweltproblem wird. Zumindest forciert die Stadtverwaltung in Jakarta als Vorreiter die Wiederverwertung von Müll.

Nicht nur die Umwelttechnik birgt Potenzial, sondern auch der IT-Sektor, wo E-Business und E-Government bislang ein Neuland sind, aber die technische Grundausstattung bereits vorhanden ist.

Der indonesische Telekom-Sektor wächst weiterhin mit einem rasanten Tempo, und führende Unternehmen kündigen Investitionspläne für den Mobilfunk an. Die Regierung will auf diese Weise die Versäumnisse des Festnetzausbaus kompensieren.

Ebenso wächst aufgrund der steigenden Kriminalität in den großen Städten der Markt für Sicherheitstechnik und die dazu gehörenden Dienstleistungen rapide.

Generell genießen ausländische Investoren aus dem Westen ein hohes Ansehen, und ihnen wird hohe berufliche Qualifikation, fachliche und besonders technische Kompetenz, Management- und internationale Erfahrung bescheinigt. Sie werden daher aufgeschlossen, freundlich und höflich empfangen, wobei die Indonesier bei den ausländischen Investoren, aus welchem Land auch immer, eines nicht akzeptieren, nämlich ihren offenkundigen Eifer, alles zu verändern bzw. ihre Verbesserungswut. In dieser Hinsicht ist es sinnvoller, ein solches Vorhaben zunächst zurückzustellen und die Lage und die Gegebenheiten sorgfältig zu sondieren, und wenn es zeitlich nicht möglich ist, dann mit kleinen Schritten behutsam vorzugehen.

Bei den indonesischen Unternehmen stehen deutsche Unternehmen als mögliche Geschäftspartner hoch im Kurs. Deutschland genießt ein gutes Image als eine weltweit führende Technologie- und Fußballnation, was besonders viele junge indonesische Studenten zum weiterführenden Studium zwischen 1960 – 1990 nach Deutschland geführt hatte (schätzungsweise 17 000 Studenten). Einer der prominentesten Studenten war ein ehemaliger Staatspräsident von Indonesien, Prof. Dr. B. J. Habibie, der in den 1960er Jahren an der TH Aachen Flugzeugbau studiert und in seinem Lande die Flugzeugindustrie aufgebaut hatte. Diese ehemaligen Studenten haben viele wichtige Stellen in Wirtschaft, Politik, Gesellschaft und in Unternehmen inne. Sie haben sich in fünf verschiedenen Alumni-Klubs (sie heißen unter anderem „Eintopf", „Alumni Jerman") zusammengeschlossen und pflegen ihre Verbundenheit mit Deutschland. Sie treffen sich regelmäßig, teils auch mit ihren deutschen Freunden, teils in Indonesien, teils auf anderen Kontinenten. Diese Clubs tauschen Informationen mit ihren ehemaligen Hochschulen aus und fördern die Zusammenarbeit mit ihnen. Sie unterhalten Kontakte zu verschiedenen deutschen Institutionen, aber auch zu Wirtschaftsverbänden und vermitteln wirtschaftliche Kooperationen zwischen Unternehmen aus beiden Nationen.

Hierzu ist Folgendes anzumerken: Viele von diesen „Deutschland-Fürsprechern" haben mittlerweile schlechte Erfahrungen mit deutschen Unternehmen machen müssen. Trotz ihrer wertvollen Erfahrung mit deutschen Erzeugnissen (besonders mit Maschinen) während ihres Aufenthalts in Deutschland, wollen sie sich nicht unbedingt für den Kauf von deutschen Qualitätsprodukten einsetzen, weil ihrer Meinung nach die deutschen Industrieunternehmen nur beim Kauf Interesse zeigen. Wenn es um den Kundenservice oder Ersatzteile oder die Inbetriebnahme der Anlage geht, bieten sie kaum etwas bzw. nur die notwendigste Hilfe an. Erschwerend kommt hinzu, dass die deutschen Erzeugnisse sehr teuer im Vergleich zu japanischen und anderen Produkten aus Konkurrenzländern sind. Beispielsweise arbeitet die indonesische Zulieferindustrie im Bereich des Fahrzeug-, Maschinen- und Werkzeugbaus in der Regel mit japanischen Unternehmen zusammen. Die Anzahl der indonesisch-japanischen Joint-Venture-Unternehmen nimmt ständig zu, die dann auch für ein deutsches Unternehmen vor Ort liefern. Ihre erworbenen Deutschkenntnisse können sie zudem nicht sinnvoll einsetzen, dafür ist es für sie um so wichtiger, Japanisch zu lernen, um die Maschinen aus Japan bedienen zu können. Die jungen Ingenieure lernen daher bereits nach Englisch schon als zweite Fremdsprache Japanisch.

4.3 Verhandlungskultur und Entscheidungsfindung

Die Verhandlungskultur in Indonesien ist durch informell geführte Vorgespräche geprägt. In den informellen Treffen wird zunächst ein wechselseitiges persönliches Kennenlernen angestrebt. Dann werden in sorgfältig vorbereiteten Gesprächen die vielen verdeckten indirekten Hinweise und Botschaften ausgelotet. Hierbei geht es um das richtige Verstehen der vielen unterschwelligen Informationen. Zuletzt werden die wichtigen Sachverhalte und Entscheidungswege geklärt und überprüft. In allen informellen Verhandlungstreffen wird durchgehend besonders darauf geachtet, so viele Übereinstimmungen wie möglich als Grundlage der Entscheidungen herauszuarbeiten. Auf diese Weise filtern sie im Vorfeld der offiziellen Verhandlungstermine mögliche negative Überraschungen, Missverständnisse, Ärgernisse, Probleme und Schwierigkeiten heraus. Man möchte das Gefühl des Verlierens oder des Übervorteiltwerden vermeiden. Diese indonesische Praxis impliziert, dass viel

Zeit und Geduld unerlässlich ist, um ein Geschäft zustande zu bringen. Zudem kennen die Indonesier eine spontane Entscheidungsfindung kaum, und bis zum Vertragsabschluss sind daher zahlreiche Verhandlungstreffen erforderlich. Wer sich während der Verhandlung seine Ungeduld anmerken lässt, handelt unklug, weil es eher hinderlich auf den Verhandlungsverlauf wirkt. Ebenso bei einem Behördengang; je mehr man die Beamten drängt, desto hartnäckiger werden die zuständigen Beamten auf der genauen Einhaltung des Dienstweges und der Formalien insistieren.

Unabhängig von der wirtschaftlichen bzw. unternehmerischen Zielsetzung berücksichtigen viele indonesische Unternehmer im Stillen, inwieweit die erzielten Verhandlungsergebnisse sich mit ihren soziokulturellen Werten vereinbaren lassen. Werte, wie das Harmoniebedürfnis, das Gesichtswahren, die Balance zwischen unterschiedlichen emotionellen und gesellschaftsschichtbezogenen Unterschieden sind für sie im geschäftlichen Umfeld nicht zu vernachlässigende Entscheidungsfaktoren.

4.4 Marketing und Werbung

Indonesien ist nicht nur durch die religiöse, soziale und ethnische Vielfalt geprägt, sondern auch durch Einkommensunterschiede. Danach wird der Markt auf folgende Weise aufgeteilt: Die dünn besetzte Elite, die eine sehr kleine Oberschicht bildet, und die urbane Mittelschicht sowie die arme Bevölkerung in den Städten und auf dem Lande.

Die Oberschicht, die über eine enorme Finanzkraft verfügt und meist in der Hauptstadt Jakarta wohnt, orientiert sich überwiegend an Luxusgütern, die ihnen Status und Prestige verschaffen und an hochwertiger Produktqualität. Hierbei legt sie auch großen Wert auf guten Service, Design und ansehnliche Verpackung.

Die Mittelschicht konsumiert demgegenüber eher preisbewusster, und sie gibt sich westlich orientiert.

Sowohl beim Marketing als auch speziell bei der Werbung sollte man die soziokulturellen Werte, die religiösen Empfindungen und die Symbole Indonesiens berücksichtigen. Hierzu einige Beispiele:

  (a) Die Verletzung der religiösen Gefühle: Ein populäres US-Männermagazin mit freizügiger Darstellung löste eine Protestwelle unter den Muslimen aus ebenso die Präsentation der Kollektion eines weltweit bekannten deutschen Modemachers, der auf einigen Kleidungsstücken Verse aus dem Koran angebracht hatte.

(b) Die unangemessene farbliche Gestaltung der Produkte: Es sollte unbedingt berücksichtigt werden, welche Farben mit einer guten, glückverheißenden und fröhlichen Bedeutung und welche mit Unglück oder Tod in Verbindung gebracht werden (vgl. Kap.3.8). Man vermeidet dadurch eine Fehlinvestition und den zusätzlichen Imageverlust, wie es einst einem japanischen Autohersteller ergangen war; das Unternehmen hatte sein Produkt mit weißer Farbe dargestellt, um nach eigener Auffassung Reinheit und Sauberkeit zu betonen. Aber gerade jene Farbe symbolisiert den Tod bzw. die Trauer.

(c) Die Missachtung der soziokulturellen Werte: Wichtig sind in Indonesien Werte wie Gemeinschaftsorientierung, Harmonie oder das Gesichtwahren, in dem das Ehrgefühl zum Ausdruck kommt. Westliche Werte wie Individualität (mit Selbstverwirklichung) oder die einseitige Sachorientierung werden zwar als wichtig eingeschätzt, aber nicht in den Vordergrund gestellt. Eine vergleichende Werbung, bei der ein konkurrierendes Produkt schlecht bzw. abwertend dargestellt wird, empfinden die Indonesier als ihrem Harmoniebedürfnis abträglich. Ein Luxusprodukt (z. B. ein Importauto aus dem Westen) wird eher deshalb gekauft, weil es dem Käufer Status und Prestige vermittelt. Daher fallen in diesem Augenblick die hohen, besseren Sicherheitsstandards, die das gekaufte Auto anzubieten hat, nicht zu sehr ins Gewicht. Dafür aber legen indonesische Autokäufer mehr Wert darauf, über technische Fortschritte und Details beim Kauf etwas zu erfahren, was beispielsweise japanische Autohersteller anschaulicher und pointierter als deutsche in der Werbung zu präsentieren vermögen.

5 Zusammenarbeit mit Einheimischen

5.1 Kennzeichen des indonesischen Unternehmens

Das wichtigste Kennzeichen eines indonesischen Unternehmens ist, dass es strikt hierarchisch organisiert ist, was auch jederzeit durch äußere Merkmale der Autorität erkennbar ist. Des Weiteren ist zu erwähnen, dass man durch betriebliche Erfahrungen und durch die sozialen Kontakte die Mitarbeiter- und Unternehmensführung erlernt.

In diesem Zusammenhang ist es wichtig, möglichst die Landessprache (Bahasa Indonesia) zu lernen. Wer als ausländischer Unternehmer bzw. Manager vor Ort arbeitet, sollte die Landessprache beherrschen; man ist damit im Stande, mit den Mitarbeitern direkt zu kommunizieren und so zu einem besseren gegenseitigen Verständnis beizutragen und sie für eine erfolgreiche Zusammenarbeit zu gewinnen. Ohnehin ist in Indonesien die Beziehung zwischen Management und Belegschaft viel intensiver und persönlicher als im Westen (vgl. Kap.5.2), weil sie auch mehr auf privater Ebene stattfindet als im Westen. Die ausländischen Führungskräfte bzw. Unternehmer werden von der Belegschaft als Teil des Ganzen verstanden, aber sie verkennen nicht das Autoritätsgefälle, das sich aus der Hierarchie ergibt. Gerade deshalb halten die einheimischen Mitarbeiter eine gewisse Distanz zu ihren Vorgesetzten für angemessen. Die Belegschaften und das Management halten aus diesem Grund auch die Höflichkeitsregeln penibel ein.

5.1.1 Unternehmensführung

Die Unternehmensführung in Indonesien unterscheidet sich von der im Westen darin, dass sie weder demokratisch noch durch sachlich logische, transparente Kriterien bestimmt wird. Entscheidende Faktoren sind emotionelle, ethnische, soziale, religiöse und persönliche Aspekte. Berücksichtigt werden sollten auch die Unternehmertypen in Indonesien (vgl. Kap. 4.1.1). Beispielsweise werden bei der Stellenbesetzung nicht nur berufliche Qualifikationen und die Erfahrung sowie die persönliche Eignung berücksichtigt, sondern auch die ethnische Zugehörigkeit und das familiäre Bindungsverhältnis. Aus oben genannten

Gründen tun sich die Indonesier schwer, die leistungsgerechte Entlohnung oder Bewertung der Arbeitsleistung nach sachlichen und objektiven Bemessungsgrundlagen durchzuführen. Viele Indonesier empfinden es als inhuman, wenn ein Unternehmen das Entlohnungs- bzw. Bewertungssystem der westlichen Firmen anwendet. Ihrer Meinung nach wird ein solches System mit zu harten Maßnahmen durchgesetzt und so das landesübliche Bedürfnis nach Ausgleich und Harmonie missachtet.

Die Arbeitsmoral bzw. -ethik der Indonesier ist anders ausgeprägt als die der anderen Asiaten z. B. in China, Japan oder Korea, die die konfuzianische Arbeitsethik wie das Streben nach Fleiß, Disziplin oder Bildung beherzigen. Viele Indonesier haben Schwierigkeiten mit dem Qualitätsbewusstsein in der Arbeit und der Produktion. Sie bemühen sich lieber um einen schnellen beruflichen Aufstieg mit vielen Statussymbolen (aber ohne großen Fleiß). Weniger interessiert sind sie an einem Hineinwachsen in den Beruf und daran, schrittweise mit den Aufgaben und der Verantwortung zu reifen. Sie kümmern sich oft nicht um Disziplin im Allgemeinen (z. B. Pünktlichkeit, Zuverlässigkeit) und im beruflichen Bereich (wie Einhaltung der Mittagpause, der Terminvereinbarung oder Kundenbetreuung). Sie pflegen ein gestörtes Verhältnis zum Verantwortungsbewusstsein, und daher wollen viele Mitarbeiter lieber Befehlsempfänger sein als Verantwortungsträger. Sie trauen sich nicht, Projekte mit Kreativität, Innovation, Ideen oder Eigeninitiative voranzubringen und warten eher auf einen günstigen Moment, um sich mit fremden Federn schmücken zu können. Generell verstehen Indonesier weder sachbezogene Kritik noch die unternehmerische Entscheidung, die mit einer negativen Folge wie Entlassung aufgrund der mangelhaften Leistung verbunden ist. Diese oben genannten besonderen Schwachstellen der Indonesier können mit viel Geduld, mit präzisen und anschaulichen Instruktionen, mit persönlicher Überzeugungsarbeit und mit Einsatz integrierender, motivierender Arbeitsmethoden (wie Teamarbeit) überbrückt werden.

Selbstverständlich gelten diese Beschreibungen nicht für jene Personen, die zur Elite gezählt werden; sie haben im Ausland studiert bzw. gearbeitet, und diese jungen, teilweise auch älteren Personen verfügen somit über genügend Auslandserfahrung. Sie sind weltoffen und liberal, und sie kennen sich mit internationalen geschäftlichen Gepflogenheiten (wie dem Umgang mit Verträgen, mit dem Zeitverständnis, mit Finanzen, mit Recht und Gesetz, mit Arbeitsbedingungen) aus. Sie sind ohne Weiteres in der Lage, die geschäftlichen Angelegenheiten von traditionellen, religiösen und gesellschaftlichen Zwängen getrennt zu behandeln.

5.1.2 Schwierigkeiten beim ausländischen Management

Die in Indonesien unerfahrenen ausländischen Manager bzw. Unternehmer haben oft in folgenden Fällen mit Ablehnung bzw. Schwierigkeiten bei der indonesischen Belegschaft zu kämpfen:
Die rigorose Anwendung der Managementmethoden bzw. Durchsetzung einer Entscheidung, die zwar mit den unternehmerischen Zielen vereinbar ist, aber die den soziokulturellen Werten der Indonesier etwa dem Gesichtwahren und dem Harmoniebedürfnis zuwiderläuft. Es wäre für den geschäftlichen Erfolg und für das betriebliche Arbeitsklima besser, eine ausreichende Aufklärungsarbeit zu betreiben und eine gewisse Akzeptanz der einheimischen Belegschaft und des Managements von Vornherein zu sichern.
Ebenso kontraproduktiv ist ein autoritärer Führungsstil, der den einheimischen Mitarbeitern misstraut und sie als gering qualifiziert missachtet und ihnen daher kaum Möglichkeiten der Mitsprache bzw. der Einbringung ihrer Ideen zugesteht. Somit sind sie zum Befehlsempfänger degradiert, was wiederum die motivierten einheimischen Mitarbeiter demoralisiert. Es sollte möglich sein, gut qualifizierte, interessierte und loyale Mitarbeiter an der betrieblichen Gestaltung und am Entscheidungsfindungsprozess teilhaben zu lassen. Diese Leute bilden nämlich das Rückgrat des betrieblichen Erfolges.
Nachteilig ist auch eine ablehnende, kritische Einstellung zu den Lebens- und Arbeitsbedingungen in Indonesien. Beispielsweise legt die ausländische Führungskraft ihre persönliche Abneigung bzw. ihren Abscheu offen an den Tag, und sie äußert bei jedem sich bietenden Anlass ihren Unmut. Solche Personen zählen oft schon die Tage bis zur Abberufung in die Zentrale im Westen. Für einen Auslandseinsatz braucht man nicht nur berufliche und sprachliche Qualifikationen zu erfüllen, sondern auch die Fähigkeit zu Empathie, Toleranz, Flexibilität, Offenheit und Bescheidenheit; die letzteren sind besonders überlebenswichtig, je weiter die Einsatzorte außerhalb des westlichen Kulturkreises liegen und je stärker der Lebensstandard und die Lebensweise von jener in den führenden Industrienationen abweichen.

5.2 Personalführung

Von der landwirtschaftlichen Tradition und von der Dorfgemeinschaft geprägt, verstehen die Indonesier sich grundsätzlich als ein Teil bzw. als ein Mitglied in dieser Struktur. Viele Indonesier, die längst in einem modernen Betrieb arbeiten, betrachten sich auch in Analogie als Teil bzw. als ein Mitglied dieser Organisation.

Für die Indonesier ist ihr Unternehmen wie eine Familie, und sie verhalten sich dementsprechend: Der Unternehmer bzw. der Vorstandsvorsitzende ist für die Belegschaft quasi ein Vater, und die Führungs- und Fachkräfte werden wie ältere Brüder bzw. Schwestern behandelt. Umgekehrt behandelt das Management das Personal wie die eigenen Kinder bzw. wie jüngere Geschwister. Diese Haltung spiegelt sich auch im stark ausgeprägten hierarchischen Denken wider, und demnach hat jeder einen eigenen Platz in der Gesellschaft und im Betrieb.

Tritt ein Indonesier eine Arbeitsstelle an, dann trachtet er danach, dass er sie lebenslang behält. Er spielt daher auch nicht mit dem Gedanken, eine andere Stelle aus einem unwichtigen Grund (z. B. für ein bisschen mehr Lohn) zu bevorzugen. Diese Einstellung ist unabhängig von der Art des Berufes. Die meisten Indonesier teilen diese Einstellung, und wenn sie auch einmal aus welchem Grund auch immer den Arbeitsplatz wechseln, haben sie in ihrer früheren Arbeitsstelle durchschnittlich 10 bis 15 Jahre gearbeitet. Bei dieser allgemein verbreiteten Auffassung entwickeln die indonesischen Mitarbeiter Liebe, Treue und Loyalität zum Betrieb und empfinden ihren Firmenchef wie einen Vater. Droht einem Indonesier eine Entlassung wegen mangelnder Arbeitsleistung, verurteilen die meisten Indonesier dies als unverhältnismäßig; sie meinen, man sollte so eine Person mit einer Versetzung ermahnen und dabei die langjährige Betriebszugehörigkeit und Treue nicht außer Acht lassen.

Es ist daher nicht verwunderlich, dass das Verhältnis zwischen Gewerkschaft und Arbeitgebern auch diesen familiären Stempel trägt. Ist ein Betrieb gewerkschaftlich organisiert, gibt es dennoch keine Streiks, keine Arbeitsniederlegung, keine wochen- bzw. monatelangen Konflikte oder gar tätliche Auseinandersetzungen. Die Indonesier handeln ihrer Tradition entsprechend dialogorientiert, d. h. beide Parteien setzen sich an einen Verhandlungstisch zusammen und versuchen mit Überzeugung und mit gegenseitigem Verständnis, zur Lösung der zu behandelnden Probleme zu gelangen.

In dieser Dialogtradition der Indonesier steckt das Geben-und-Nehmen-Prinzip. Um dieses Prinzip richtig und erfolgreich anzuwenden, benötigen sowohl das Management als auch die Belegschaft bzw. die Gewerkschaft besonders viel Geduld. Zudem haben beide Parteien viel Überzeugungsarbeit zu leisten. Wer als Führungskraft im Umgang mit Fehlern seiner Mitarbeiter die Geduld und die Selbstbeherrschung verliert oder nur eine halbherzige Überzeugungsarbeit praktiziert, steuert auf Konflikte zu. Es gibt nämlich vereinzelt streikende indonesische

Mitarbeiter in ausländischen Unternehmen. Eine solche Streikaktion kommt besonders dann zustande, wenn sich die indonesische Belegschaft ungerecht behandelt (z. B. durch einen Wutausbruch bzw. eine heftige Kritik von Vorgesetzten) und so ihre Würde verletzt sieht. Die Folgen sind ein beträchtlicher Imageschaden der Firma und der Abgang von langjährigen, loyalen und treuen Mitarbeitern und die Verschlechterung des Betriebsklimas insgesamt.

Bei der Personalführung ist im Hinblick auf den Islam eine Besonderheit der indonesischen Betriebe zu erwähnen. Nach Ende des Fastenmonats Ramadan (dem neunten Monat des islamischen Mondjahres) findet im ganzen Land ein großes Fest (Lebaran bzw. Hary Raya genannt) statt. Zu diesem Anlass erhalten alle Mitarbeiter einmal einen 100-prozentigen Bonus.

5.2.1 Die 10 Gebote im Betrieb

In einem indonesischen Betrieb gelten 10 ungeschriebene Gebote, an die sich jeder Mitarbeiter und jede Führungskraft orientieren sollte, damit das Betriebsklima angenehm ist und die Zusammenarbeit reibungsarm funktionieren kann:

(a) Vermeidung von Wutausbrüchen und Affekthandlungen: Beim Wutausbruch riskiert man, mit Tieren gleichgesetzt zu werden.

(b) Leise Stimme: Mit lauter Stimme liefert man ein falsches Bild von sich, nämlich ein streitsüchtiges, und gilt als unwürdige Person.

(c) Lächeln: Ohne Lächeln läuft im Indonesien gar nichts, und man erreicht auch absolut nichts.

(d) Über andere Leute reden: Wer seine Zeit damit verschwendet, über andere Personen, über Mitarbeiter oder Kollegen zu sprechen, wird als Taugenichts und Schwätzer eingestuft und der Umgang mit ihm gemieden.

(e) Dresscode: Besonders Frauen sollten auf den Dresscode achten und nicht vergessen, dass Indonesien ein islamisches Land ist. Mit unangemessener Kleidung macht man sich bei den Einheimischen lächerlich und zur Witzfigur.

(f) Achten auf Stimme; Bei einer lauten Stimme fühlen die Einheimischen sich unwohl, so dass sie die Nähe zu einer solchen Person meiden.

(g) Bahasa Indonesia: Man sollte sich nur einer Sprache bedienen und möglichst einen Kauderwelsch aus Englisch und Bahasa Indonesia vermeiden. Am besten wäre, man bemüht sich darum, sich Grundkenntnisse der Bahasa Indonesia anzueignen, die leicht zu erlernen ist. Businesssprache English: Falls man sich in Englisch verständigen muss, dann sollte man einen einfachen, verständlichen Sprachstil pflegen nach dem Managementgrundsatz K.I.S.S. (Keep it short and simple).

(h) Mitarbeiter wie Familienmitglieder behandeln: Fühlen sich die einheimischen Mitarbeiter nur als Lohnempfänger in einer ausländischen Firma ausgenutzt, dann schrecken sie auch vor negativen Maßnahmen (z. B. Streik oder Lahmlegen der Firma) nicht zurück. Die Einheimischen bringen nur dann ihre Leistung und ihre Loyalität gegenüber der Firma zum Ausdruck, wenn sie sich von der Firmenleitung wie Familienmitglieder und somit menschenwürdig behandelt fühlen.

(i) Kein offener Konflikt: Ob privat oder geschäftlich sollte man offen ausgetragene Konflikte bzw. eine direkte Meinungskonfrontation vermeiden, weil es immer mit negativen Konsequenzen (z. B. mangelnde Respektbekundung seitens Mitarbeiter) verbunden ist.

(j) Keinen Kopf berühren: Der Kopf ist das „Heiligtum" der Indonesier schlechthin. Weder bei einem Kind noch bei einem Mitarbeiter sollte der Kopf berührt werden. Das ist ein absolutes, unverletzliches Tabu.

Malaysia

1 Land und Leute

1.1 Das Land – „Land aus Gold"

Die ersten Seefahrer nannten Malaysia wegen seiner reichen Ressourcen das „Land aus Gold" bzw. „Land, in dem sich die Winde treffen", und die britischen Kolonialherren bezeichneten den Archipel als „Malaya", der von den Malaien bewohnt wurde.

Malaysia besteht aus zwei Teilen: dem auf der malaiischen Halbinsel gelegenen Westteil (auch Malakka-Halbinsel genannt) und dem auf der Insel Borneo gelegenen Ostteil. Beide Teile sind voneinander durch das Südchinesische Meer getrennt (640 Kilometer), und jeder Teil beträgt ca. 50 Prozent der Staatsfläche. Westmalaysia grenzt im Norden an Thailand und im Süden, getrennt durch die Meeresenge der Malakka-Straße, an Indonesien. Die Malakka-Straße gilt als eine bedeutende, strategisch wichtige WasserStraße und als eine der meistbefahrenen Schiffsfahrtsrouten. In jüngster Zeit geriet diese wichtige Seehandels-Straße durch eine zunehmende Piraterie in die negativen Schlagzeilen der Weltpresse. Ostmalaysia grenzt im Norden an das Sultanat Brunei und im Süden an den indonesischen Teil der Insel Südborneo. 12 von insgesamt 14 Bundesstaaten sind auf Westmalaysia und 2 (Sabah und Sarawak) auf Ostmalaysia zu finden, wobei die föderalen Bezirke von Kuala Lumpur und der Labuan Insel zusammen eine Föderation bilden. 85 Prozent der Malaysier leben auf Westmalaysia, und lediglich ca. 1,5 Millionen sind auf Ostmalaysia (Borneo) beheimatet.

Die Staatsform Malaysias ist eine parlamentarisch-demokratische Wahlmonarchie bzw. eine konstitutionelle Monarchie (vgl. Kap. 1.5.1). Der König wird als das repräsentative Staatsoberhaupt alle fünf Jahre aus den Reihen der 9 Sultanate nach dem Rotationsprinzip gewählt. Der Regierungschef übt das politische Mandat aus und wird Premierminister genannt. Der Sultanaten-Bund ist weltweit eine einzigartige politische Konstruktion, die es erlaubt, ein Gefüge aus drei Hauptvölkern und mehreren ethnischen Minderheiten sowie verschiedenen Religionen zusammenzuhalten. In jedem Bundesstaat gibt es ein Parlament, einen Ministerpräsidenten und einen Sultan, wobei es in den konstituierenden Bundesstaaten Sabah, Sarawak, Penang und Malakka keinen Sultan gibt. Diese Staaten werden von einem von der Zentralregierung ernannten Gouverneur verwaltet.

Die Nationalflagge symbolisiert die 14 Bundesstaaten Malaysias (14 rot-weiße Streifen und der Stern mit 14 Zacken) und die Religion Islam (der Halbmond) sowie die Einheit des malaiischen Volkes (das blaue Feld). Und die für den Halbmond und den Stern verwendete Farbe „gelb" ist die Farbe der königlichen Herrschaft.

Die Hauptstadt ist Kuala Lumpur auf Westmalaysia (Malakka-Halbinsel), und hier sind das Parlament, das Handels- und Finanzzentrum des Landes zu finden. Aber der Regierungssitz ist in Putrajaya angesiedelt, welcher speziell als neue Verwaltungshauptstadt für Malaysia mit Milliardeninvestitionen errichtet wurde; alle Regierungseinrichtungen sind auch dort zu finden.

Die Amtsprache ist Bahasa Melayu, aber für die offiziellen Dokumente wird britisches Englisch verwendet. Daneben werden Chinesisch (vor allem Kantonesisch und Hokkien) und andere verschiedene Dialekte je nach Ort parallel benutzt. Das umgangsprachliche Englisch in Malaysia unterscheidet sich sehr stark vom Britischen, und deshalb wird es als „Manglish" bezeichnet, was eher dem „Singlish", dem umgangssprachlichen English in Singapur, ähnelt. Beispielsweise wird das Wort „Bus" in Manglish „Bas" oder „Taxi" als „Teksi" gesprochen und geschrieben.

Das Klima des Landes ist weitgehend tropisch und vor allem durch den Südwestmonsun (von April bis Oktober) und den Nordostmonsun (von Oktober bis Februar) gekennzeichnet.

Die Landeswährung ist Ringgit und wird mit einem „R" abgekürzt.

1.2 Leute und Kultur

Die Bevölkerung von Malaysia besteht aus einer Vielzahl von ethnischen Gruppen. Die Staatsbürger von Malaysia sind Malaien, Chinesen, Inder und andere Minderheiten, und diese Staatsbürger werden im Allgemeinen als „Malaysier" bezeichnet. Die ethnische Gruppe der Malaien, die sich „bumiputras" („Söhne der Erde bzw. des Bodens") nennen, stellt dank der seit Jahrzehnten gezielt geförderten Bevölkerungspolitik der Regierung die Mehrheit im eigenen Lande. Sie dominiert die Politik und die Verwaltung, wobei als Beamte nur Malaien arbeiten dürfen. Bei der Unabhängigkeit von Großbritannien 1957 machten die alteingesessenen Malaien nur knapp die Hälfte der Bevölkerung, die Chinesen 40 Prozent und die Inder 10 Prozent aus. Das gab den Malaien zu denken, und es begann eine Politik zur Vermehrung des malaiischen Bevölkerungsanteils. Im Juli 2005 belief sich die Bevölkerungszahl auf ca. 24 Millionen, wovon etwa ein Drittel jünger als 15 Jahre alt ist.

Die Anzahl der Chinesen ist auf ein Viertel der Bevölkerung zusammengeschrumpft, aber die Chinesen spielen nach wie vor eine bedeutende Rolle im Wirtschaftsleben, besonders in Handel und Finanzen. Denn die Chinesen sind fleißiger und geschäftstüchtiger, und sie streben nach Geld und Wohlstand mehr als alle anderen ethnischen Gruppen. Zudem zeigen die Chinesen einen sehr stark ausgeprägten Familiensinn, was den Charakter ihrer familienorientierten Unternehmensführung ausmacht. Die nur noch sieben Prozent zählende indische Bevölkerung besteht zu 85 Prozent aus Tamilen. Die Indischstämmigen sind Hindus, Sikhs, Moslems, Christen und Buddhisten. In den Staaten Sarawak und Sabah leben konzentriert die Ureinwohner, die keine ethnischen Malaien sind.

Die meisten Inder und Chinesen wanderten in letzten Jahrhunderten ein, wobei schon im 15. Jahrhundert einige von Armut und Hunger bedrohte Chinesen aus Südchina nach Malaysia kamen. Während des Zinn-Booms im 19. Jahrhundert holte die damalige Regierung Chinesen zu Hunderttausenden ins Land, und deren Nachfahren sind heute als Händler und Kleinunternehmer im Lande tätig. Die ersten chinesischen Kaufleute nahmen malaiische Frauen als Ehefrau, und deren Nachfahren sind die Peranakan. Die Briten holten die Inder zur Rodung des Urwaldes und zum Straßenbau ins Land, weil die Malaien für derlei schwere Körperarbeit nicht geeignet waren bzw. sich nicht willig zeigten. Viele Inder pflücken heutzutage in den Plantagen der hügeligen Highlands Teeblätter. Seit drei Jahrzehnten vermischen sich die unterschiedlichen Ethnien aus wirtschaftpolitischen Beweggründen und aufgrund der Bumiputra-Politik (vgl. Kap. 1.5 u. 3.1.3.2).

Die eingewanderten Inder, Sikhs und Chinesen haben in der Diaspora ihre Traditionen reiner erhalten als in ihrem jeweiligen Herkunftsland. Auf den ersten Blick sieht Malaysia wie eine multikulturelle Gesellschaft aus, aber auf den zweiten Blick erkennt man, dass das Land trotz der Jahrhunderte des Zusammenlebens der Völker kein Schmelztiegel geworden ist. Dennoch ist eindeutig die harmonische Koexistenz neben der erhaltenen kulturellen Eingeständigkeit der Ethnien zu erkennen.

In der malaiischen Kultur spiegeln sich die Einflüsse der drei hauptethnischen Gruppen wider: beispielsweise die Dämmerungsstunde ist die Zeit der „Multikulti-Spuk-Stunde", in der die schwarze Magie, Geister und Feen, Kobolde und Hexen von Malaien, Indern und Chinesen ihr Unwesen treiben. Da eine ganze Reihe verschiedener Geister ihre „Behausung" im Kopf, in den Haaren, den Zähnen oder Schatten suchen, haben die Malaien verschiedene Verhaltensweisen mit einem Tabu belegt (vgl. Kap. 2.2 u. 2.2.6). Die Malaysier organisieren manche Dinge sehr pragmatisch wie die Fahrt mit dem Bullet Train; diese Züge fahren durchs Land und halten auch mal mitten auf der Strecke, damit Passagiere und Fahrer am Straßenrand eine Mahlzeit mit dem Nasi-Lemak-Essen einnehmen können.

1.3 Religion – Islam

Was die Religion anbelangt, ist eine Besonderheit zu beachten; Die Staatsreligion Malaysias ist der Islam, zu dem sich 60 Prozent der Bevölkerung bekennen. Malaysia wurde wie Indonesien im 14. und 15. Jahrhundert islamisiert, und zwar brachten arabische Seefahrer und Kaufleute den Islam nach Malaysia. Die Verfassung des Landes definiert, dass alle ethnischen Malaien von Geburt automatisch Moslems sind, und somit wird eine Verbindung von ethnischer Herkunft und Religion fixiert. Bereits in zwei Bundesstaaten (Terengganu und Kelantan) regieren islamische Kleriker. Muslime werden gegenüber den Angehörigen anderer Religionen bewusst staatlich bevorzugt. Die Ablehnung der Religion Islam bzw. der Abfall vom Glauben von einem Malaien wird mit einer Freiheitsstrafe geahndet. Das impliziert, dass die Malaien nicht nur dem staatlichen, sondern auch dem islamischen religiösen Recht (Scharia) unterworfen sind (vgl. Kap. 1.6.2), was auch in mehreren Bundesstaaten bereits teilweise angewandt wird. Ein Beispiel hierzu: Eine Malaiin – Azlina Jailani – hat aus Überzeugung ihre Religionszugehörigkeit und ihren Namen im August 1997 geändert; und seit dem kämpft sie, als Christin und unter dem Namen „Lina Joy" einen amtlichen Eintrag zu erreichen. Da es sich um eine Änderung der Religionszugehörigkeit handelt, ist der Streit über die Zuständigkeit der Gerichtsbarkeit ausgebrochen. Denn malaiische Behörden betrachten dies als eine Angelegenheit des „Scharia-Gerichts" und fühlen sich daher nicht zuständig. Das betroffene Zivilgericht überstellte den Fall daher an ein Scharia-Gericht, doch ein solches hat noch nie einen Religionswechsel erlaubt. Der Ausgang dieser sich viele Jahre hinziehenden juristischen Auseinandersetzung ist nach wie vor ungewiss. Im Hinblick auf die immer enger werdende Beziehung zwischen Politik und Islam fürchten die rund 40 Prozent Nichtmuslime in der Bevölkerung um die Trennung von Staat und Religion.
Die Religionsfreiheit ist zwar verfassungsrechtlich verankert und garantiert, aber sie gilt de facto nur für die anderen ethnischen Minderheiten; die Chinesen sind Buddhisten (20%), aber sie folgen zugleich auch tra-

ditionell chinesischen Volksreligionen wie dem Daoismus oder Konfuzianismus. Für sie nimmt der Ahnenkult einen breiten Raum in ihrem religiösen Leben ein. Zu den Christen werden etwa neun Prozent der Bevölkerung aus verschiedenen ethnischen Gruppen gezählt. Die Inder bekennen sich überwiegend zum Hinduismus und praktizieren ihre Religion sehr intensiv, und soziale Tabus sind durchweg noch stark vorhanden.

Zumindest sollte ein ausländischer Manager über die grundlegenden Gebote des Islams informiert sein und beim unternehmerischen Engagement die Bedeutung der Religion im Alltagsleben der Muslime beachten; ansonsten gibt es erhebliche Probleme. Die Muslime in Malaysia sind unter anderem verpflichtet, die Fastenzeit, die fünfmaligen Gebetszeiten, die Zahlung des Zehnten (vgl. Kap. 1.6.2), das Verbot von Schweinefleisch und Alkohol einzuhalten. Es ist insofern für einen Betrieb relevant, da diese Regeln während der Arbeitszeit auch eingehalten werden müssen. Zudem ist es ratsam, während der Fastenzeit bei Anwesenheit muslimischer Kollegen bzw. Mitarbeiter mit dem Genuss (z. B. Essen, Trinken oder Rauchen) zurückhaltend und rücksichtsvoll umzugehen. Als Manager bzw. Vorgesetzter sollte man seinen muslimischen Mitarbeitern erlauben, am Freitag zwischen 12.30 – 13.30 Uhr zum Gebet in die Moschee zu gehen bzw. eine Gebetsmöglichkeit im Betrieb einrichten. Denn der freie Tag der Woche ist in machen Bundesstaaten (wie Kedah, Perlis, Kelantan und Terengganu) der Freitag.

Eine augenfällige Entwicklung ist die kulturelle und religiöse Rückbesinnung der Malaien: Viele junge Menschen und Intellektuelle besinnen wieder auf die eigene Tradition und Kultur. Sie scheuen sich auch nicht, die inhaltliche Auseinandersetzung mit ihren eigenen Glaubensbrüdern und -schwestern zu führen. Ihre Kritik richtet sich sowohl gegen die westlich-europäische Kultur als auch gegen die eigenen Repräsentanten der Gesellschaft und der Politik. Der letztere Aspekt bezieht sich darauf, dass die Einheimischen nicht stark genug dem Prozess der Entfremdung und Verwestlichung Einhalt gebieten. Denn viele von den Repräsentanten wenden sich selber von der Tradition und vom Islam ab. Die Kritiker prangern auch gesellschaftspolitische Missstände wie Korruption, Machtmissbrach oder Ausbeutung von Arbeitern und Bauern an und fordern teilweise die Umkehr zum wahren Islam und zur Scharia (Rechtsislam). Die Regierung beobachtet diese Bewegungen aufmerksam und steuert mit Kompromissen und Änderungsmaßnahmen entgegen. Sie rief zudem eine Reihe von Institutionen (wie Indah – ein Missions- und Trainingsinstitut, YDIM- ein islamisches Forschungszentrum oder die Islamische Stiftung Malaysia) ins Leben, die sich dieser heiklen Aufgaben widmen sollen. Die Regierung will das Land als fromm, aber modern, liberal und multikulturell präsentieren, ebenso als eine pluralistische Gesellschaft, in der Muslime und Nichtmuslime ohne Rassen- bzw. Religionskonflikt zusammenleben können. Das Konzept der Regierung hierzu heißt „Islam Hadhari" mit dem Ziel, Malaysia als eine moderne Gesellschaft darzustellen, die dennoch fest in den edlen Werten des Islams verankert ist.

1.4 Mentalität und Werteorientierung

Die Langmut der Malaien, ihre Unbekümmertheit und Freundlichkeit sind grenzenlos und deren Humor wird nie verletzend, sondern als selbstironisch und warm charakterisiert. Sie sind sanft, bescheiden, zurückhaltend, geduldig, kontrolliert, höflich, kompromissbereit und zugleich träge. Im Widerspruch dazu zeigen sie einen Hang zur Grausamkeit und Gewalt, vor allem dann, wenn sie sich durch falsche Behandlung benachteiligt fühlen (verschiedene Rassenunruhen bezeugen diesen Charakter). Die Malaien betrachten sich für ihr Umfeld verantwortlich, und daher zeigen sie sich hilfsbereit und gelassen; sie nehmen sich auch nicht so wichtig und ernst, was sie nicht sehr verbittert erscheinen lässt. Bei den Chinesen und Indern sind die obigen Beschreibungen der Mentalität nur bedingt zutreffend. In einem Satz lässt sich die Mentalität der Malaien als introvertiert, die der Chinesen als ehrgeizig und die der Inder als extrovertiert beschreiben.
Die Wertorientierung der Malaien ist ethnozentrisch, und ihre Werte sind nicht wie im Westen zweckrationalistisch und individualistisch ausgeprägt. Europäische Werte beruhen im Großen und Ganzen auf Bildung, Wissenschaft, Philosophien und Traditionen. Die Werte der Malaien wurden wie die der anderen asiatischen Länder aus der ganzheitlichen Denktradition entwickelt und sind von der agrarischen Gesellschaftsordnung geprägt (vgl. Lee 1997, S. 10f). Sie verstehen beispielsweise unter dem Begriff „Leistung" eher Treue zum Überlieferten und zur Tradition, und sie assoziieren damit nicht in erster Linie innovatives, rationales, effizientes und produktives Verhalten. Ebenso verhält es sich mit dem Begriff „Arbeit", der nicht vorrangig im Zusammenhang mit dem wirtschaftlichen System verstanden wird. Der Begriff „Intelligenz" wird zunächst mit praktischer Kompetenz zur Lebensbewältigung gleichgesetzt, und Tugenden wie Fleiß, Pünktlichkeit oder Disziplin werden anders gewichtet und dafür wird auch ein anderer Maßstab als im Westen angesetzt. Ausgenommen von dieser am ländlichen Leben und an der Tradition geprägten Wertorientierung sind die

gebildeten Leute in den Großstädten (z. B. Kuala Lumpur, Johor Bahru, Ipoh, Georg Town) bzw. in den Industriezentren (wie auf der Insel Penang). Diese Personen haben eine westliche Ausbildung bekommen und arbeiten wirtschaftlich mit dem Westen zusammen. Auch einfache Arbeiter und Fachleute nahmen teilweise die westlichen Werte der Arbeitswelt an, um beispielsweise in ausländischen Unternehmen arbeiten zu können. Sie akzeptieren das westliche lineare Zeitverständnis im Produktionsverhältnis und lernen, das Verhältnis von Zeit und Geld zu verstehen und die Arbeitzeit als eine „Ware" zu begreifen.

1.5   Geschichtliche Entwicklung

Bereits im 4. Jahrhundert vor Christus blühte der Handel zwischen Indien und dem heutigen Malaysia. Wenig später folgten arabische Händler aufgrund der reichlich vorhandenen Nahrungsmittel (z. B. Honig, Betelnüsse) und anderer Naturschätze (wie Baumwolle, Kupfer, Zinn oder Edelhölzer). Die ersten malaiischen Königreiche entstanden im 10. Jahrhundert. Nach dem Einzug des Islams im 14. Jahrhundert entstand das erste Sultanat von Malakka im 15. Jahrhundert. Der sagenumwobene Wohlstand von Malaysia zog unter anderem das Interesse von Portugal und später auch der Niederländer und der Briten an, die die Handelshäfen zum Zentrum der Kolonialisierung umfunktionierten. Die britische Kronkolonie (Straits Settlements) wurde im Jahre 1826 gegründet, und sie übte nach und nach die Kontrolle über die malaiische Halbinsel, Singapur und Malakka, aus. 1896 wurden die vier Sultanate (Pahang, Selangor, Perak und Negerie Sembilan) zu den Föderierten Malaiischen Staaten zusammengefasst, während die vier nördlichen Staaten Perlis, Kedah, Kelantan und Terengganu bis 1909 eine thailändische Kolonie waren. Während des Zweiten Weltkrieges wurde das heutige Malaysia durch Japan besetzt. In dieser Zeit strebten die Malaien mit der Unterstützung der europäischen Kolonialmacht, einen eigenen Staat ohne Singapur an und mit einer geänderten Immigrationspolitik (Immigranten erhielten nur noch eine eingeschränkte Staatsbürgerschaft).
Die Malaien erlangten endlich ihre Unabhängigkeit im Jahre 1957, und das Land hieß Föderation Malaya. Dann änderten die Malaien ihre politische Richtung, und 1963 schloss sich Malaya mit Singapur – daher die Endung „sia" – und mit Nordborneo (heute Sabah) und Sarawak zum Staatenbund Malaysia zusammen. Aber Tunka Singapur, das zu über 70 Prozent von Chinesen bewohnt war und sich dem Diktat der Malaien nicht beugen wollte, verließ 1965 bereits diesen Föderationsbund. Die Malaien, die „Bumiputras" („Söhne der Erde"), hatten zwar die politi-

sche Mehrheit, aber sie bestand nur aus einer Mehrheit von armen, rückständigen Landbewohnern, und sie hatten kaum ökonomische Möglichkeiten: 1969 besaßen die Malaien nur 1,5 Prozent aller Firmenanteile. Den wirtschaftlichen Erfolg genossen weitgehend die urbanen Chinesen und Inder.

Am 13. Mai 1969 gab es Rassenunruhen, die das Land gründlich verändert haben. Seit diesem Tag verfolgt die malaiische Regierung eine beispiellose soziale und wirtschaftliche New Economic Policy, in der vor allem die Malaien in allen Lebensbereichen bevorzugt werden (vgl. Kap. 1.6). Mit dieser Politik wollte die Regierung das Wirtschaftsmonopol der Chinesen brechen und somit den Malaien zu 30 Prozent des Volksvermögens verhelfen. Seither müssen die Mehrheitsanteile jeder Firma in den Händen von Bumiputras liegen, und 70 Prozent aller Angestelltenpositionen müssen mit Malaien besetzt sein. Dieser unternehmenspolitische Ansatz der Regierung ist nicht überall mit Erfolg gekrönt; es gibt unzählige Misserfolgsgeschichten, weil die malaiischen Firmenanteilseigner bzw. Angestellten im Grunde nur als Strohmann bzw. als Repräsentant fungierten und so legal fast ohne nennenswerte Leistung nur ihr Gehalt kassiert haben. Die Malaien dienten letztlich den unternehmerischen Interessen der Chinesen, weil sie von Chinesen bezahlt wurden, damit die Geschäfte zum Schein von Malaien geführt werden. Die nur Malaien vorbehaltenen günstigen Kredite zur Existenzgründung wurden größtenteils nicht rechtzeitig zurückgezahlt oder in den Sand gesetzt.

Zur einzigen Nationalsprache wurde die „Bahas-Malaya" erkoren, und nur malaiische Studenten dürfen mit staatlichen Stipendien im Ausland studieren. Übrigens wurden die so genannten „reinrassigen" Malaien zu „Bumiputras" gezählt, und die Nachfahren aus einer gemischten Ehe wurden ausgeschlossen.

Dank dieser Rassenpolitik ist ein gut ausgebildetes, junges, international erfahrenes malaiisches Managertum entstanden, mit dessen Hilfe das Land sich als ein aufstrebender „Tigerstaat" etablieren konnte. Es entwickelte sich auch eine deutlich wachsende Mittelschicht unter der malaiischen Bevölkerung. Die Umverteilung des nationalen Wohlstandes erfasst nicht alle Gesellschaftsschichten: Das Einkommengefälle geht nach wie vor größtenteils zu Lasten der ländlichen Malaien.

1.5.1 Das Sultantum

Die malaiischen Sultane sitzen in neun der 14 Bundesstaaten auf dem Thron, wobei die nicht als Sultanate konstituierten vier Bundesstaaten (Sabah, Sarawak, Penang und Malakka) von einem von der Zentralregierung ernannten Gouverneur verwaltet werden. Wilayah, Kuala Lumpur mit dem neuen Regierungssitz Putrajaya und die Insel Labuan werden als Bundesterritorien bezeichnet.

Die Sultane sind die Hüter der malaiischen Identität, und sie sind Erbsultane; das heißt, dass kein Zugewanderter das höchste Amt in einem Sultanat (Provinz) übernehmen kann. Die Sultane wählen einen von ihnen quasi als König oder Primus inter pares (Yang di-Pertuan Agong – wörtlich heißt es: „Erster unter den höchsten Durchlauchten") alle fünf Jahre in einer Konferenz. Nach diesem Prinzip wurde im Mitte Dezember 2006 der Sultan von Terengganu zum 13. Monarchen seit der Unabhängigkeit des Landes gekrönt. Die Sultane besitzen keine politische Macht und auch keines ihren alten Feudalrechte, die unter der neuen Verfassung weitgehend verloren gingen. Aber sie und ihre zahlreichen Nachkommen sind immer noch die Besitzer riesiger Grundstücke und von Holzkonzessionen. Um ihre Finanzen ist es bestens bestellt; sie investieren meistens im Ausland und in Industrie- und Tourismussektoren. Mit ihrem Reichtum demonstrieren die Sultane auch ihren materiellen Wohlstand, und zugleich legen sie ihre Verschwendungssucht wie der Sultan von Kelantan (dem ärmsten der Bundesstaaten) mit äußerst teueren und exklusiven Sportautos zu Tage. Manche von diesen Herrschaften sind wegen ihrer Korruption, ihren Ausschweifungen, dem Machtmissbrauch, dubiosen Geschäftspraktiken und der Neigung zur Gewalt berüchtigt.

1.6 Wirtschaftliche Entwicklung

Malaysia ist ein reiches Land mit Bodenschätzen und Rohstoffen (wie Zinn, Erdöl, Kautschuk, Palmöl). Das Land verfügt über eine eigene Autoindustrie wie die Automobilhersteller Perodua und Proton, und es beheimatet den Ölmulti Petronas. Die Regierung investiert seit den 1980er Jahren gezielt in ein ehrgeiziges Industrialisierungsprogramm, was die gelungene rasante industrielle Entwicklung eindrucksvoll beweist und Malaysia zu einem aufstrebenden „Schwellenland" bzw. einem asiatischen „Tigerstaat" verhilft.

Die Weltbank hat bei ihrer Untersuchung „Doing Business in 2006", welche einen Index für das Geschäftsklima einzelner Länder darstellt, Malaysia eine sehr gute Note erteilt, nämlich Platz 21 nur zwei Plätze hinter Deutschland. Die steigenden privaten Investitionen unterstreichen diesen Trend des wieder wachsenden Vertauens in die malaysische Wirtschaft. Ausreichende Mittel für weitere Investitionen stehen auch zur Verfügung. Zudem bietet Malaysia politische Stabilität, ein berechenbares Geschäftsumfeld und ein angenehmes Lebensumfeld, und das Land ist ein guter Ausgleichsstandort für Investitionen in China.

Im neuen Fünfjahresplan (2006 bis 2010) hat die Regierung die Infrastrukturausgaben von 170 auf nun 200 Milliarden Ringgit (ca. 44 Milliarden Euro) aufgestockt. Von den Infrastrukturprojekten hoffen viele ausländische Konzerne, profitieren zu können; denn darin sind unter anderem das Projekt der Bahnverbindung zwischen Kuala Lumpur und Singapur, der Brückenbau, der Bau der Untersee-Stromleitung vom Bakun-Damm im östlichen Landesteil Sarawak auf Borneo zur Hauptinsel und die Öl- und Gasverarbeitung zu finden.

Das große Ziel der Regierung ist es aber, das Land bis 2020 als erste voll entwickelte muslimische Industrienation und als führendes Hightech-Land mit einem Multi Media Super Corridor (MSC) zu etablieren. Der MSC soll sich von Süden von Kuala Lumpur bis zum etwa 50 Kilometer entfernten neuen Flughafen erstrecken, und er umfasst den Regierungssitz mit sämtlichen Bundesministerien (Putrajaya) und das malaiische Silicon Valley (Cyberjaya). Um das Ziel bis 2020 erreichen zu können, macht die Regierung ein weiteres Investitionsvorhaben im Frühjahr 2006 bekannt: Demnach werden über einen Zeitraum von fünf Jahren 200 Milliarden Ringgit (ca. 45 Milliarden Euro) investiert, was auch mehr ausländische Investoren ins Land ziehen wird.

Als gezielte Maßnahme setzt die Regierung bildungspolitisch auf die Alphabetisierung der Bevölkerung (bis jetzt sind fast 90 Prozent erreicht), und flankiert werden diese Maßnahmen durch die breit angelegte berufliche Qualifizierungsoffensive für Auszubildende und Berufstätige. Des Weiteren fördert die Regierung den Ausbau der Infrastruktur wie den Flughafenausbau, den Bau von Brücken, Eisenbahnlinien und Autobahnen. Eine gesellschaftspolitisch wichtige Fördermaßnahme ist die Angleichung der Einkommensunterschiede zwischen Land und Stadt einerseits und zwischen den ethnischen Malaien und der chinesischstämmigen Gruppe von Malaysiern andererseits; trotz der jahrelangen Anstrengung, den Malaien zum Besitz eines 30-prozentigen Anteils am Unternehmenskapital Malaysias zu verhelfen, ist dies der Regierung immer noch nicht gelungen. Nach Regierungsangaben im Frühjahr 2006 lag die Quote bei gerade 19 Prozent, als der achte nationale 5-Jahres-Plan (2001 bis 2006) gerade beendet war und der neunte Malaysia-Plan mit dem Schwerpunkt Informationstechnologie begonnen hat. Hierfür will sich die Regierung weiterhin noch gezielter als bisher dafür engagieren, dass die malaiische Mehrheit die ökonomische Macht im eigenen Lande erlangt. Nach wie vor stehen in den Förderprogrammen für die Bumiputras, dass sie Kredite zu günstigen Bedingungen erhalten und sie mit der Hilfe und Unterstützung der Regierungsagentur rechnen können. Auch andere Privilegien (z. B. beim Aktienerwerb) kommen ihnen vorrangig zugute (vgl. Kap. 3.1.1). Ein dringendes nationalökonomisches Problem ist angesichts der Herausforderung vonseiten der Volksrepublik China, neue Geschäftsfelder als Grundlage des künftigen Wachstums zu suchen, weil das Zeitalter der Billigproduktion für Malaysia unwiederbringlich vorbei ist. Ein Paradebeispiel hierfür war die Entwicklung auf der Insel Penang im Norden des Landes, wo einst eine Hightech-Industrie mit Chipherstellung bzw. Chip-Endmontage boomte. Aber diese Industrie wanderte in letzten Jahren immer mehr aus Kostengründen nach China ab. Seit 2006 wirbt der Bundesstaat Penang offensiv um ausländische Investoren, um wieder Elektronikzentrum Asiens zu werden und um sich darüber hinaus als Standort für Informations- und Kommunikationstechnologie sowie Biotechnologie zu profilieren.

Die Malaysier aus den anderen ethnischen Gruppen versuchen, sich mit dieser für sie restriktiven Bumiputra-Politik so gut wie möglich zu arrangieren, indem sie andere Auswege suchen. Beispielsweise schließen sich viele Chinesen mit Bumiputras zusammen, um eine Gesellschaft zu gründen. Die chinesische Seite stellt das Kapital und die malaiische die Privilegien. So sind Malaien nominell die Gründer, Hauptaktionäre und Führungskräfte auf der oberen Managementebene, und sie erhalten ein sehr gutes Gehalt. Aber in Wirklichkeit überlassen sie das Geschäft ihren chinesischen Partnern. Oder andere ethnische Minderheiten versuchen, durch die Heirat mit Malaien zu den wirtschaftlichen Vorteilen zu gelangen, die Bumiputras vorbehalten sind. Oder sie versuchen mit Hilfe eines Bumiputras, den Zugang zu den begehrten Lizenzen zu erreichen, die Malaien ohne höhere Zugangsprüfung erhalten.

1.6.1 Investitionsmöglichkeiten für die Zusammenarbeit

Malaysia gilt ökonomisch und politisch als eines der stabilsten Länder Südostasiens, in dem das Zusammenwirken von Tradition und Moderne, von islamischem Banking und Kapitalismus keinen Widerspruch darstellt. In nur wenigen Jahrzehnten hat das Land einen Wandel vom Agrarland zu einem modernen kapitalintensiven, technisch optimierten Industriestaat vollzogen, und die Regierung ist dabei mit seiner Industriepolitik nach japanischem Vorbild erfolgreich. So ist das Land mehr denn je ein Industriestandort mit hohem Entwicklungspotenzial. Auch ist die malaiische Seite nach wie vor sehr stark an ausländischen Investoren interessiert: Zwar ist es Tatsache, dass das heutige Malaysia der größte Exporteur von Tropenholz und Palmöl ist. Aber die Regierung will letztlich als vollindustrialisierte islamische Nation künftig immer weniger von Öl und Tropenhölzern leben. Dennoch will die Regierung die Förderung des Agrarsektors nicht vernachlässigen, da sie sich Beschäftigungsimpulse für die einheimische malaiische Bevölkerung verspricht. So entsteht beispielsweise seit November 2006 unter Führung der Regierung der größte börsennotierte Palmölkonzern der Welt. Der neue Konzern mit dem Namen Synergy Drive wird umgerechnet 6,5 Milliarden Euro wert sein und sechs Prozent der weltweiten Palmölproduktion kontrollieren. Denn der Preis für Palmöl und die Bedeutung von Palmöl steigen ernorm, da das Öl aufgrund wachsender Nachfrage nach umweltfreundlicheren Kraftstoffen als Biodiesel sehr gefragt ist. Zudem wird Palmöl in vielen neuen Bereichen (z. B. in der Kosmetik oder in der Küche) angewandt, was auch zu einer steigenden Nachfrage beiträgt.

Die ausgesprochen großzügige Politik hinsichtlich der Investitionsbedingungen für ausländische Unternehmen ist ein Ausdruck dafür. Das Land weist ein hohes reales Wirtschaftswachstum auf, eine gute Infrastruktur (ausgezeichnete telekommunikationstechnische Einrichtungen) und eine große industrielle Produktivität. Außerdem bietet Malaysia ausreichend vorhandene englische Sprachkenntnisse in der Bevölkerung, eine gute Berufsausbildung und eine steigende Kaufkraft der malaiischen Konsumenten mit hohen Sparquoten. Darüber hinaus vereinfachte das Land die behördlichen Genehmigungsverfahren (wie die von Kooperationsabkommen, Arbeitsgenehmigungen) und die der außenhandelspolitischen Rahmenbedingungen (z. B. durch die Abschaffung der Beschränkungen beim Gewinntransfer, die Befreiung von Zöllen und Abgaben). Es bietet auch verschiedene steuerliche Vorteile bzw. Erleichterungen und Zuschüsse an. Zudem hofft die Regierung langfristig, dass die ausländischen Unternehmen einen Beitrag dazu leisten, das Niveau der beruflichen Qualifikation der malaiischen Mitarbeiter insgesamt weiter anzuheben und einen Pool malaiischer Führungskräfte auf allen Führungsebenen auszubilden.

Als neue wirtschaftliche Felder betrachtet die Regierung beispielsweise die Dienstleistungs-, die Software- und die Hightechindustrie mit der Veredlung von Produkten sowie den Tourismus. Das Land interessiert sich für den Aufbau und Ausbau von Hightech-Industrien: Daher werden gerne multinationale Unternehmen mit großzügigen, erleichterten Rahmenbedingungen angelockt, die beispielsweise ihr regionales Produktionszentrum mit Forschung und Entwicklung in Malaysia eröffnen wollen. Des Weiteren sieht die Regierung eine weitreichende Entwicklungschance im Gesundheitswesen (inklusive der Altenpflege) mit westlichen Standards, in der Medizinindustrie und im Bildungssektor, weil die Löhne in Malaysia nur 50 Prozent derjenigen von Singapur betragen. In dieser Hinsicht bemüht sich das Land um die gut betuchten Senioren in wohlhabenden Industrieländern, damit diese Leute Malaysia als Alterssitz mit der besten medizinischen Versorgung bei angenehmen Klimabedingungen entdecken und sich dort ansiedeln. Die Regierung forciert auch mit einer im Oktober 2005 bekannt gemachten „Nationalen Autopolitik" eine Initiative zur Fahrzeugproduktion. Als Unterstützung des Automobilsektors gewährt sie ein Paket von Zuschüssen und Anreizen, was besonders den ausländischen Investoren zugute kommen soll. Die Regierung will mit der Stärkung der Autobranche insgesamt ihre Industrie international voll wettbewerbsfähig machen und so das Land an der Integration der ASEAN-Märkte teilhaben lassen. Zur Reduzierung der Abhängigkeit von Öl und Gas will die Regierung mehr für die erneuerbaren Energien tun, weil das Land über immense Potenziale bei alternativen Energiequellen verfügt; dafür rief die Regierung das „Small Renewable Energy Program" ins Leben und heißt die Importe entsprechender Technologien herzlich willkommen ebenso Unternehmen mit Umwelttechnologien (wie das Recycling und die Beseitigung von Abfall bzw. Industriemüll).
Ein weiteres Investitionsfeld ist die Autoindustrie und die Automobilzulieferindustrie. Malaysia ist für Pkws der größte Markt in Südostasien. Der malaysische Staatskonzern Proton sucht angesichts rückläufiger Absatzzahlen seit langem einen Partner für eine strategische Allianz mit einer Beteiligung. Im Gespräch waren bzw. sind Volkswagen, PSA Peugeot Citroën und General Motors. Der Autokonzern besitzt bereits moderne Fabriken, die bis zu einer Million Fahrzeuge pro Jahr herstellen können, aktuell aber unzureichend ausgelastet sind. Proton, der einst Marktführer war, läuft hinter der einheimischen Konkurrenz Perodua her, da die Zulieferfirmen die Qualitätsprobleme nicht in den Griff bekommen. Die Automobilzulieferindustrie in Malaysia hat insgesamt auch einen großen Nachholbedarf.

Ein besonderer Aspekt, Malaysia als einen interessanten wirtschaftlichen Standort zu betrachten, ist die Rolle von Malaysia in der islamischen Staatenliga, wo Malaysia eine wichtige Rolle spielt. Die Araber aus den Golfstaaten (wie Dubai, Qatar, Kuwait) schätzen Malaysia als Urlaubsort und als Investitionsstandort. Die Urlauber empfinden das Land als eine andere moderne Welt, aber es ist ihnen aufgrund des aufgeklärten Islams nicht fremd. Sie konsumieren hier gern und genießen das Leben in westlicher Atmosphäre. Ebenso machen die Geschäftsleute hier gute Geschäfte dank der schariagemäßen islamischen Bankgeschäfte in Malaysia. Mitte August unterzeichneten Dubai und Malaysia ein Abkommen für die engere Zusammenarbeit in islamischem Banking. Die arabischen Länder und Malaysia investieren gegenseitig in den jeweiligen Ländern, was auch die ausländischen Investoren als Sprungbrett nutzen können; das deutsche Unternehmen Siemens versucht beispielsweise zur Zeit, mit einem malaysischen Partner einen Auftrag für den Bau der Monorail in Dubai zu erhalten.

Malaysia veranstaltet auch internationale Messen bzw. Konferenzen, in denen spezifisch die muslimischen Bedürfnisse angesprochen werden wie der Weltkongress zur Halal-Ernährung in Kuala Lumpur, wo auch westliche Multikonzerne (wie Nestlé und Unilever) vertreten waren.

Was die Zusammenarbeit zwischen Malaysia und Deutschland anbelangt, ist zu erwähnen, dass privatwirtschaftliche deutsch-malaysische Aktivitäten durch die Außenhandelskammer Malaysias des Deutschen Industrie- und Handelstags in Kuala Lumpur unterstützt werden. Und für die technische Zusammenarbeit zwischen den beiden Regierungen ist das German-Malaysian Institute zuständig. Es ist außerdem ein Ausbildungszentrum für technische Berufe. Für den geschäftlichen Einstieg eines Klein- und mittelständischen Unternehmens ist zu empfehlen, sich dem German Business Pool (GBP) anzuschließen, was auch viele deutsche Firmen gemacht haben. Das GBP arbeitet eng mit Partnern aus der Industrie, Verbänden und Regierungsinstitutionen in Malaysia und Deutschland zusammen. Über 200 deutsche Unternehmen (z. B. Bosch, Siemens, BASF) sind in Malaysia tätig, darunter 90 produzierende Betriebe wie das Unternehmen Infineon, das der zweitgrößte Hersteller von Halbleitern in Europa ist. Das Unternehmen hat im September 2006 seine erste Infineon-Fabrik im Hochtechnologie-Park Kulim im Norden Malaysias eröffnet, wo es bis 2009 rund eine Milliarde Dollar investieren will. Das Unternehmen prüft bereits jetzt den Bau eines zweiten Werkes um das Jahr 2010 am selben Standort.

1.6.2 Islamic Banking

Malaysia hat seinen eigenen Weg zum Kapitalismus gefunden, indem
es seiner eigenen kulturellen Tradition folgte. Das multiethnische, mul-
tireligiöse und multikulturelle Land will die Angleichung der wirtschaftlichen und sozialen Ungleichgewichte durch die Förderung der
Bildung und durch die Entwicklung wirtschaftlicher und finanzieller In-
strumente erreichen, was den islamischen Glaubensvorstellungen entspricht. Der Koran verbietet Zinsen bzw. Wucher (riba). In Sure 2, Vers
275 des Korans steht: „Diejenigen, die Zins verschlingen, sollen nicht
anders dastehen als wie einer, der vom Satan erfasst und geschlagen
ist." Muslime dürfen weder Zinsen zahlen noch verlangen. Ein Moslem
darf ein zinsloses Girokonto führen, aber kein Sparbuch. Der Koran
aber hat nichts gegen den Mehrwert: Dies wurde zum Kernkonzept des
„Islamic Banking".
Islamic Banking ist ein Bankwesen, welches dem islamischen Recht
(Scharia) und der Religion des Islams angepasst wurde, um das Bedürfnis der muslimischen Klientel, von Geschäftsleuten und Unternehmern
in Finanzgelegenheiten zu unterstützen. Dieses Bankwesen gilt daher
als ein Entwicklungsimpuls sowohl für viele Kleinunternehmen als
auch für international operierende Unternehmen. In Indonesien, Malaysia und anderen islamischen Ländern (besonders den Golfstaaten) wird
das islamische Verbot der „riba" umgegangen, indem die sich Finanz-
mittel leihende Bank sich am finanzierten Geschäft beteiligt. Eine islamische Bank verlangt definitiv keine Zinsen (d. h. keinen Preis für das
Geld). Aber dafür beteiligt die Bank sich am Geschäft mit Kapital, Beratung, Know-how und der Infrastruktur und erhält einen Anteil der
Gewinne als einen Preis für die Dienstleistung, wobei sie selbstverständlich auch die Verluste zu teilen hat: Sie tritt somit als Zwischenfi-
nanzier auf. Die islamische Bank gibt beispielsweise eine Finanzanleihe
nach einer kurzen Beratung frei, und die Kunden sind dadurch nicht
mehr abhängig vom Wohlwollen einer westlichen Bank. Hierbei ist eine
Reihe von Geschäften von der Beteiligung ausgeschlossen, denn diese
sind nach den Regeln des Islams unzulässig; hierzu werden etwa der
Handel mit Alkohol, Tabak, Schweinefleisch und Waffen oder das
Glücksspiel gezählt.
An das Zinsverbot halten sich selbst große arabische Unternehmen wie
die Emirates Group in Dubai, welche 2006 über spezielle islamkonfor-
me Anleihen (Sukuk) neue Flugzeuge finanzierte. Malaysia hält mit
rund 60 Prozent den Großteil am globalen Markt für islamische Anleihen, den so genannten Sukuk.. Für den einzelnen Bankkunden gibt es

auch keinen Zinssatz, aber er beteiligt sich über sein Guthaben an der Bank und entsprechend seiner Anlage an ihrem Gewinn. Obwohl das Zinsgeschäft verboten ist, bieten die islamischen Anlagen mit ihrer Gewinnausschüttung attraktive Renditen an. Unter diesen Prämissen bieten islamische Finanzinstitute aber von Sparbüchern über Anleihen, Aktien und Kredite bis hin zu Versicherungen alles an, was weltliche Geldinstitutionen mit ihren Finanzprodukten offerieren.

Außerdem will sich die malaysische Börse in Kuala Lumpur mit einer Produktoffensive attraktiver für ausländische Investoren und Anleger präsentieren. Hierbei will sie nicht nur wieder Leerverkäufe von Aktien erlauben, sondern auch die Einführung eines in US-Dollar denominierten Zertifikates auf das wichtige Exportprodukt Palmöl. Zudem hat sie die Ankündigung, die Auflage eines Aktienindexes nach islamischem Recht zu erfüllen, wahrgemacht: Sie stellte Ende Januar 2007 einen neuen Aktienindex vor, in dem keine Aktien von Unternehmen enthalten sind, die sich mit Glücksspielen, Tabak, Alkohol oder der Erzielung von Zinsgewinnen beschäftigen.

Im Juli 2006 meldete die Weltpresse, dass der Markt für islamische Finanzprodukte vor einer deutlichen Expansion stehe. Nur fünf Jahre nach der Gründung der islamischen Anleihen gilt dieser Markt offensichtlich als etabliert und profitiert vom Öl- und Bauboom besonders in den Golfstaaten. Mit diesem Anleihengeschäft unterstützen islamische Länder nicht nur ihre Privatwirtschaft und Kleinunternehmer, sondern sie finanzieren auch die kostenintensiven und milliardenschweren Infrastrukturprojekte.

Malaysia gilt als Pionier des islamischen Banken- und Versicherungswesens. Bereits 1983 wurde die „Bank Muamalat Malaysia" gegründet, welche in dieser Hinsicht führend ist, und sie versucht, den einkommensschwächeren Bevölkerungsschichten, deren Lebensweise tief im islamischen Glauben verwurzelt ist, zu helfen. Die Bank motiviert sie, mit Hilfe von Mikrokrediten ihre eigenen Kleinbetriebe zu gründen, um so ihren Lebensunterhalt abzusichern und auch am Wohlstand teilzuhaben. Die muslimischen Bankkunden schätzen die Vorteile dieses Bankensystems und die Serviceleistungen, die an ihren Bedürfnissen orientiert sind. Die Bank fördert im Sinne der Regierung besonders die Bumiputra-Unternehmen, und in dieser Praxis drückt sich die im Islam verankerte Pflicht zum Almosengeben („zakal") aus. Der malaiische Staat legt die Pflicht des Almosens in einer modernen Weise aus, indem er institutionell die Zakal-Organisation fördert und so die Fürsorge für die Armen in Form eines wirtschaftlichen Wachstums realisiert. Die Bumiputra-Unternehmen haben die Pflicht, die neuen, jungen bzw. ar-

men Bumiputras beim Einstieg in ein Geschäft mit Wissen, Erfahrung, Dienstleistungen, Beratung und manchmal sogar mit Kapital zu unterstützen. Die größeren Unternehmen helfen dann den kleineren.
Der malaysische Finanzsektor erlebt dank kräftiger Investitionen aus dem Nahen Osten einen einzigartigen Aufschwung. Malaysia avanciert zum Zentrum des islamischen Finanzwesens. Zu diesem Zweck will das Land seine Standortvorteile optimal nutzen, welche zum einen in seiner guten Nachbarschaftsbeziehung zu den Golfstaaten, Indien, Indonesien und China liegen. Zum anderen besteht der Standortvorteil darin, dass Malaysia eine liberalere Form des islamischen Rechts praktiziert als die Golfstaaten. So investiert der Nahe Osten seine Öl-Dollars in Malaysia und viele Muslime ebenso, welche sich nach dem Vorfall vom 11. September von ihren traditionellen Investitionsorten USA oder Großbritannien zu sehr kontrolliert fühlten. Malaysia bietet den ausländischen Finanzinstituten eine ganze Reihe von Anreizen, sich in Malaysia niederzulassen. Es reicht von der Steuererleichterung bis hinzu zur Lockerung der Devisenkontrollen und der Einwanderungsbestimmungen. Die malaysische Regierung plant, bis zu 2010 ca. 46,5 Milliarden Ringgit (rund 10 Milliarden Euro) in den Ausbau der Infrastruktur zu stecken. Finanziert werden soll das Vorhaben mit Anleihen, eben schariakonformen Papieren. All das soll dazu beitragen, bis 2010 den Anteil der islamischen Banken und Versicherungen am Gesamtmarkt von 11,3 Prozent (2006) auf 20 Prozent zu steigern.
Viele Leute in moslemischen Ländern betrachten die „normale" Bank als eine Institution, die Wucherzins verlangt und somit keine echte finanzielle Hilfe leistet. Das ist der Grund, warum die Menschen einem solchen herkömmlichen Kreditinstitut nur mit Misstrauen und Vorbehalten begegnen, aber nicht den islamischen Banken. Als eine besonders interessante Entwicklung in diesem Zusammenhang ist zu erwähnen, dass die islamischen Finanzprodukte immer attraktiver werden, und zwar nicht nur in islamischen Ländern, sondern weltweit. Erst in den vergangenen Jahren haben auch westliche Banken und Versicherungen Strategien entwickelt, um verstärkt in das islamische Bankgeschäft einzusteigen. So wollen die westlichen Finanzinstitutionen an das Geld der 1,5 Milliarden Muslime (davon leben in Südostasien rund 250 Millionen und in Südasien weitere 450 Millionen) kommen. Deren Vermögen schätzt die Deutsche Bank auf 1,8 Billionen Euro. Denn die gesamte islamische Welt ist ein gigantischer Markt, aber noch kaum erschlossen, und der Finanzmarkt ist mit schariakonformen Produkten noch unterversorgt.

Unter den westlichen Finanzinstitutionen ist die HSBC einer der Vorreiter im Geschäft mit diesen neuartigen Produkten, und viele andere Unternehmen wie die Deutsche Bank folgen diesem Beispiel.

2   Kommunikation und Verhaltensstandards

2.1 Kommunikation

Die Malaysier pflegen generell einen leisen und indirekten Kommunikationsstil. Beispielsweise neigen sie eher dazu, ja zu sagen als nein, und geben lieber eine falsche Antwort mit einem Ja als gar keine. Sie deuten eine Sache so um, damit sie, ohne den wunden Punkt zur Sprache zu bringen, die Sache dennoch vermitteln können. Dieses Kommunikationsverhalten beruht im Großen und Ganzen auf ihrer Wertorientierung, besonders auf dem in Asien weit verbreiteten Prinzip der Gesichtswahrung. Sie vermeiden es sorgfältig, keinen Anlass dafür zu geben, dass jemand sein Gesicht verliert. Sie versuchen, nicht ungeduldig zu sein, und sie heben weder ihre Stimme bei einem Konflikt, noch schimpfen sie verärgert, und sie sagen nie ein kategorisches Nein. Sie lehnen nicht brüsk ab, und sie kritisieren nicht offen, und sie äußern auch ihre Meinung nicht direkt. Aber man kann am Gesichtsausdruck und am allgemeinen Verhalten der Einheimischen mit der Zeit erkennen, wie eine Antwort richtig zu interpretieren ist: Man braucht hierzu eine große Portion kulturelles Einfühlungsvermögen. Ausgenommen sind die jungen Manager und Fachleute mit Auslandserfahrung: Sie kommunizieren im Geschäft offen, sachorientiert und direkt, und sie äußern auch Kritik.

In der schriftlichen Ausdrucksweise spiegelt sich dieses Kommunikationsverhalten wider. In Malaysia gilt eine besondere malaysische Toleranz, in der jeder mit seiner Schreibweise glücklich werden sollte; es gibt keine verbindliche Rechtschreibung. Diese tolerierte Vielfalt geht so weit, dass malaiische Städte und Straßennamen mit jedem Wegweiser sich ändern; Städtenamen wie Johor Baru (Johor Bharu, Johor Bahru) und Kampong (Kampung) werden unterschiedlich geschrieben. Ebenso großzügig gehen die Malaien mit dem Sprachstil um, der häufig in „blumige" Metaphern mündet. So beschreiben sie die Sonne als „Auge der Morgenröte".

2.2 Verhaltensstandards

Es gibt ein Konzept der idealen Richtlinie für Verhaltensmuster, das aus der islamischen Religion abgeleitet und als „Budi" bezeichnet wird. Mit dieser Maxime regulieren die Malaien ihre sozialen Verhaltensweisen sowohl im privaten als auch im öffentlichen Leben und sorgen so letztlich für sozialen Frieden. Wichtigste Regel ist ein gewisses Maß an Sensibilität und Bescheidenheit. Die gesellschaftlichen Normen und Werte der Malaien sind zu beachten und die Höflichkeitsformen gegenüber Menschen und Behörden zu wahren. Kulturell ist bei den Malaien der Respekt gegenüber Vorgesetzten, Älteren bzw. Fremden tief verankert. Aus diesem Grund meiden die Malaien eine offene und direkte Kritik bzw. das Bloßstellen eines anderen. Das Prinzip des Gesichtswahrens bzw. des Vermeidens von Gesichtsverlust in Malaysia beruht auf der gegenseitigen Abhängigkeit, der Harmonie und des Ausgleichs zwischen Menschen und zwischen den Menschen und der Natur.

Daher ist es besser, sich mit einigen gesellschaftlich verankerten Leitlinien für politisches und soziales Verhalten vertraut zu machen. Die Regierung hat nach den Rassenunruhen im Jahre 1969 (vgl. Kap. 1.5) eine Reihe von Grundwerten auf einer Konsensbasis festgelegt, woran sich alle Mitglieder der malaiischen Gesellschaft zu richten haben. In den Grundwerten, die in den so genannten „Rukun Negara (Pfeilern der Nation)" niedergelegt sind, ist zu lesen:

(a) der Glaube an einen Gott,
(b) die Loyalität gegenüber König und Land,
(c) die Herrschaft des Gesetzes,
(d) gutes Verhalten und Moralität und
(e) Verfassungstreue.

Darüber hinaus ist eine Reihe von so genannten „sensitive issues" unter dem „Internal Security Act" (ISA) zu beachten, die in der Öffentlichkeit nicht hinterfragt werden dürfen, aber bei Nichtbeachtung strafrechtliche Konsequenzen nach sich ziehen. Zu den „sensitive issues" zählt man:

(a) Rukun Negara (Pfeiler der Nation),
(b) Bahasa Malaysia als nationale Sprache,
(c) der Islam als Staatsreligion,
(d) die Privilegien der Bumiputras und
(e) die Stellung von Sultan und König.

Die Grundwerte (Rukun Negara) und die „sensitive issues" sind für jedermann verbindlich. Diese Vorgaben sind nicht jedermann einsichtig, und darum leiden auch viele Einheimische darunter, zumal die Sultane selbst mit ihrem luxuriösen und nicht gerade vorbildlichen Lebensstil diese Normen missachten. Auch der Machtmissbrauch der Politiker und die allgegenwärtige Diskriminierung der Nicht-Bumiputras sorgen für Unmut.

Zwar werden Ausländer in der Regel höflich behandelt, aber das bedeutet nicht automatisch, dass man sie auch akzeptiert und respektiert. Was man tunlichst unterlassen sollte, ist eine totale Assimilierung; man sollte unbedingt als Ausländer seine eigene Identität wahren und die europäische bzw. westliche Anschauung und das kulturspezifische Verhalten beibehalten; in diesem Zusammenhang wird von den Einheimischen auch nicht erwartet, aus einem Ausländer einen Malaien zu formen. Wichtig ist nur, dass man als Ausländer dem Malaien seine Bereitschaft signalisiert, gewisse Gepflogenheiten im Umgang mit den Menschen und den gesellschaftlichen Institutionen zu beachten, zu befolgen und zu respektieren.

Die malaiischen Gepflogenheiten beinhalten unter anderem Folgendes:

(a) Öffentliche bzw. direkte Kritik an den Vorgesetzten oder Kollegen ist zu meiden; ist eine Kritik dennoch unvermeidbar, dann ist das soziale Ansehen des Betroffenen zu berücksichtigen. Die Kritik wird indirekt unter vier Augen vorgetragen. Der Aspekt des Gesichtwahrens und der Vermeidung des Gesichtsverlustes haben stets Vorrang. Ebenso sollte der Dienstweg bei Beschwerden oder Vorschlägen eingehalten werden.

(b) Bescheidenheit ist in allen Angelegenheiten angebracht, d. h. die Malaien prahlen nicht mit ihrem Wissen oder mit ihren beruflichen Auslandserfahrungen, sondern sie halten sich beim Erzählen zurück. Die Intention der Malaien ist es, zu vermeiden seinem Gegenüber ungewollt einen Gesichtsverlust zuzufügen und den anderen bloßzustellen. Ausländer, die gern über ihr eigenes Leben oder ihr Wissen erzählen, verstehen diese zurückhaltenden Verhaltensweisen der Einheimischen nicht richtig und versuchen, aufgrund einer Fehleinschätzung noch eifriger den Gesprächspartner zu einem redseligeren Verhalten zu bewegen. Um sich vor diesem Irrtum zu schützen, ist es ratsam, sich vor einem Gespräch über den einheimischen Gesprächs- bzw. Verhandlungspartner gründlich zu informieren. Zudem sollte man möglichst aufmerksam zuhören.

(c) Die Stellung der Managerin bzw. Geschäftsfrau: Westliche Managerinnen bzw. Geschäftsfrauen haben generell mit ungleich größeren Schwierigkeiten zu kämpfen; zum einen deshalb, weil die malaiische Gesellschaft eine von Männern dominierte Welt ist. Zum anderen ist es wegen der nach wie vor verbreiteten Klischees über westliche Frauen in den Massenmedien schwierig, als Managerin die nötige Anerkennung zu erhalten. Nach malaiischer Ansicht wird in den westlichen Medien die sexuelle Freizügigkeit (wie die zu knappe, freizügige Bekleidung) propagiert, und somit wird eine gewisse Morallosigkeit toleriert. Es hängt daher sehr vom Verhalten der einzelnen Frau ab, wie die Männer in ihrem Umfeld auf sie reagieren; beispielsweise werden einer Frau ohne Begleitung unmoralische Absichten unterstellt. Aber wenn zwei Frauen zusammen ausgehen, ist es in Ordnung. Diese Einstellung besonders von malaiischen Männern ist zumindest in den industrialisierten, modernen Großstädten Malaysias nicht in dem Maße anzutreffen. Im Gegensatz dazu halten die Chinesen und Inder eher die Gleichberechtigung hoch, so dass die Frauen sogar im Beruf gleichberechtigt behandelt werden. Jedenfalls sind keine sexuellen Übergriffe an westlichen Frauen zu vermelden.

(d) Die Rolle der Ehegattin: Was Frauen noch zu schaffen macht, sind die ungewöhnlichen Erwartungen, wovon meistens die Ehefrauen der Expats im besonderen Maße betroffen sind. Das heißt: Sie sind den befremdlichen Rollenerwartungen der Einheimischen schutzlos ausgesetzt, und sie müssen sich mit ihrer eigenen beruflichen Situation und Lebenseinstellung auseinandersetzen. Die Ehegattinnen sind in der Regel als Gastgeberinnen quasi ein Aushängeschild für die Kochkunst und für allerlei Repräsentationsausgaben. Aber sie haben zugleich auch das Alltagsleben mit den Kindern allein zu bewältigen. Zudem muss der mitgereiste Ehepartner (sowohl Ehemann als auch Ehefrau) mit der Niederlegung der eigenen beruflichen Tätigkeit während des Aufenthaltes in Malaysia fertig werden, weil es so gut wie nie möglich ist, eine Arbeitserlaubnis zu bekommen. All diese Dinge wirken teilweise sehr belastend, und es benötigt viel Geduld und Zeit, sich an die gegebenen Bedingungen einigermaßen anpassen zu können.

(e) Die Lebensform: Das Single-Dasein ist als eine Lebensform im Westen weitgehend respektiert bzw. auch die Lebensgemeinschaft ohne Trauerschein. Falls man darauf angesprochen werden sollte, sollte man das Thema mit Humor und mit einem Lächeln höflich abbiegen, sonst wird es ein ausuferndes Diskussionsthema ohne Ende.

2.2.1 Begegnung – Begrüßung und Anrede

Bei der Begrüßung sollte man auf den Namen achten, weil jede ethnische Minderheit Besonderheiten bei der Namensgebung aufweist: Die
Chinesen stellen zuerst den Familiennamen voran, und dann folgt der
Vorname wie Lee Dong (Herr Lee) oder Yang Da Da (Herr Yang). Haben sie aber einen zusätzlich angenommenen, westlichen Vornamen,
dann stellen sie sich so vor: Judy Lee oder Tommy Chang. Die Inder
und Malaien kennen keine Familiennamen, und die Malaien haben keine Abstammungsurkunde; die Inder stellen den Namen ihres Vaters oft
vor den eigenen Namen wie Sing Maheshvari (Frau Maheshvari), während die Malaien ihn hinter dem Hauptnamen führen wie Mohamed
Abdullah bin Ibrahim (Herr Abdullah), Abdullah Badawi (Herr Badawi) Anwar Ibrahim (Herr Anwar). Wie hier deutlich wird, ist es mit
dem Namen eines Malaien ein bisschen komplizierter als bei anderen
Gruppen: Man sollte sich daher genau erkundigen, welcher Name als
Rufname benutzt wird. Bei der Vorstellung sollte ein ausländischer
Manager klar machen, welcher auf seiner Visitenkarte angegebene Name der Familienname ist, und mit welchem Namen (Vor- oder Nachna-
men) er angesprochen werden möchte, da manche mehrere Vornamen
haben.
Bei der Begrüßung wird häufig nach der Gesundheit, der Familie und
dem beruflichen bzw. geschäftlichen Wohlergehen gefragt. Solche Fragen sind im Westen bei einer geschäftlichen Begegnung nicht üblich, es
sei denn, man kennt sich gegenseitig seit langem. Trotz des Befremdens
sollte man solche persönlichen Fragen nicht ablehnen bzw. ihnen aus-
weichen, sondern mit vernünftigen Antworten darauf reagieren.
Von allen ethnischen Bevölkerungsgruppen werden die Formen der
Höflichkeit und des Respekts bezüglich des Alters, Geschlechts und des
Status sorgfältig eingehalten. Dabei sollte man bei der Begrüßung zunächst auf den Händedruck (nicht zu lang und fest) und auf die physi-
sche Distanz zu Frauen achten (vgl. Kap. 2.2.6).

2.2.2 Gesten

Grundsätzlich bleibt die Stimme der Malaien sanft und leise, und ihre
Gesten sind minimal: Sie kennen keine drastischen, weit ausholenden
oder hektischen Gesten; sie sind ihnen durchweg fremd. Sie schätzen
sehr feine, subtile Ausdrucksformen in Mimik und Gesten, was den
Kindern durch häusliche Erziehung als Erstes beigebracht wird (vgl.
Kap. 2.2.6 u. 2.2.6.4).

(a) Dass Respekt vor Vorgesetzten, Älteren, Fremden und vor Mitmenschen jederzeit bekundet wird, ist in der malaiischen Kultur verankert.

(b) Die rechte Hand gilt sowohl bei den Indern als auch bei den Malaien als die richtige Hand, im Gegensatz dazu gilt die linke als unrein (geeignet nur für die Körperreinigung auf der Toilette). Das impliziert, dass die linke Hand im öffentlichen Leben kaum mehr in Erscheinung tritt weder beim Händeschütteln noch beim Überreichen eines Gegenstandes noch beim Brechen des Brotes. Beim Essen bleibt die linke Hand unter dem Tisch.

(c) Mit dem Daumen zu deuten gilt bei den Malaien als obszön, während die Chinesen es noch für tolerierbar halten. Aber den Zeigefinger sollte man generell vermeiden, und wenn man unbedingt mit dem Finger auf einen Gegenstand oder gar einen Menschen zeigen muss, bedient man sich des Daumens, was je nach Umständen noch toleriert wird.

(d) Beim Sitzen sollte man darauf bedacht sein, niemanden die Fußsohlen entgegenzustrecken, weil es als Beleidigung gilt. Die Frauen sollten sich auf keinem Fall mit überkreuzten Beinen hinsetzen, wie es in der westlichen Kultur üblich ist; es gilt in Malaysia als höchst unschicklich.

(e) Die Inder halten ein kräftiges Kopfschütteln (links und rechts) für eine Zustimmung, was von Europäern eher als eine „Ablehnung" interpretiert wird.

(f) Übrigens darf ein Koran von Nichtgläubigen nicht berührt werden, und beim Besuch einer Moschee sollte man sich diskret verhalten, und die Betenden dürfen durch nichts (wie etwa Fotografieren) gestört werden.

2.2.3 Smalltalk-Themen

Über das eigene Land und seine Aktivitäten in Malaysia Bescheid zu wissen, ist ein gutes Thema für den Smalltalk. Deutschland gilt das Land der Kultur, der Denker, der Wissenschaft, der Wirtschaft und der Fußballspiele. Die Wirtschaftbeziehungen zwischen beiden Ländern vertiefen sich weiter, was aus den Handelsbilanzen gut abzulesen ist, und viele deutsche Unternehmen arbeiten vor Ort erfolgreich. Wird ein Deutschland betreffendes Thema beim Smalltalk angesprochen, sollte man es zunächst leise, bescheiden, sachlich und bündig erklären und dabei immer wieder Zeit lassen, um auf die Reaktion der einheimischen Zuhörerschaft achten zu können. Vermeiden sollte man indessen etwa

Belehrung, Besserwisserei oder eine arrogante Haltung. Was einem deutschen Manager nicht erspart bleiben kann, ist die gelegentliche Frage nach einem Thema zum Zweiten Weltkrieg; hierzu sollte man ehrlich, sachlich und unparteiisch die gewünschten Informationen weitergeben und nicht versuchen, mit Achselzucken oder mit einer Verdrängungstaktik auszuweichen. Es wird als Feigheit, fehlendes Selbstbewusstsein und fehlenden Nationalstolz gedeutet, und es wird einem auch eine schwache Persönlichkeit attestiert. Dies ist für das geschäftliche Vorhaben von Nachteil. Besonders sollte man sich bei Themen über Kulturen sensibel und zurückhaltend äußern, weil sich die Malaien aus ihrer geschichtlichen Vergangenheit des Bildes der überlegenen Europäer bewusst sind. Und viele von ihnen vertreten angesichts der überwältigenden westlichen Einflüsse eine ablehnende bzw. kritische Meinung (vgl. Kap. 2.2.6.6).
Nicht ansprechen sollte man auch Themen, die das „Fehlverhalten" der Sultane tangieren. Alle Sultane und deren zahlreiche Nachkommen sind steinreich. Aber ihre Haltung zum Fortschritt ist oft auf materielle Annehmlichkeiten (wie moderne Sportwagen, der Bau eines Prestigeobjektes wie eines Triumphbogens oder moderner Ställe für ihre sündhaft teuren Polopferde oder Paläste) beschränkt. Unter diesen maßlosen feudalen Allüren leiden deren Untertanen seit jeher, aber sie behalten es für sich.

2.2.4 Geschäftsessen und Esssitten

Die Vielfalt der Völker spiegelt sich in der Esskultur wider: Die Essensvielfalt ist nicht zu übersehen; die malaiische, chinesische und indische Küche in ihren regionalen Ausprägungen sind vorherrschend, und hinzu kommen die kulinarischen Spezialitäten der anderen ethnischen Minderheiten. Zudem wächst in Malaysia ein großer Teil der 3 000 essbaren tropischen Pflanzen. Die urtümlichen Ostbäume der Welt bringen exotische Früchte wie Rambutan und Durian (auch „Stinkbombe" genannt) hervor. Es gibt unzählige Gemüse und Gewürze sowie exotische Zubereitungsarten.
Die wichtigste Regel lautet: Was auch immer auf dem Tisch serviert wird, sollte man zumindest kosten. Natürlich ist es eine kulinarische Mutprobe, beispielsweise die Früchte Durian zu essen oder die bei den Chinesen bekannten „Hundertjährigen Eier" zu verspeisen, was oft fälschlicherweise als gefährlich eingeschätzt wird. Auf jedem Speiseplan, bei welchem Anlass auch immer, entdeckt man sofort die multi-

kulturellen Einflüsse des malaiischen Lebens, und man findet dort alles, was Land und Meer hergeben.

Grundsätzlich sollte man sich vor der geschäftlichen bzw. privaten Essenseinladung erkundigen, welche Speisen und Getränke die einzuladenden Personen (bzw. der Hauptgast) aufgrund der Religion bzw. aus gesundheitlichen Gründen nicht zu sich nehmen dürfen. Danach sollte sich die Auswahl des Restaurants bzw. die Beschaffung (z. B. Einkauf auf dem islamischen Markt) und die Zubereitung der Gerichte ausrichten. Die Malaien trinken gerne ihre Nationalgetränke, den schäumenden Tee „tek tarek". Über alkoholische Getränke freuen sich die Chinesen, aber für Malaien sind sie tabu, wobei manche Malaien in das thailändische Grenzgebiet fahren, um doch die religiös verbotenen Getränke genießen zu können. Das Schweinefleisch ist für die Chinesen eine Gaumenfreude, für die Malaien ein Ekel, während Inder und Sikhs kein Rindfleisch anrühren dürfen, und die meisten Buddhisten verschmähen Rindfleisch ebenso.

Außer den Chinesen essen die meisten Malaysier traditionell mit der rechten Hand. Von den auf Schalen servierten Speisen nimmt man nach und nach kleine Portionen und vermischt sie mit Reis, und so teilt man die angebotenen Gerichte mit anderen Anwesenden. Immer lässt man etwas vom jedem Gericht auf Schalen liegen, um dem Gastgeber zu signalisieren, dass das Essen ausreichend ist.

Die letzte Regel gilt auch bei den Chinesen, wobei das Essen eine besondere soziale Funktion erfüllt. Man sagt sogar, die Chinesen leben für das Geld und für das Essen. Zudem achten sie auf den gesundheitlichen Aspekt, und daher ist ihr Essen sehr ausgewogen wie die chinesische Medizin, die aus dem altüberlieferten Ernährungswissen hervorgegangen ist. Auf ihrem Esstisch kommt nie ein einseitig zubereitetes Gericht, sondern das Essen ist ausgeglichen mit verschiedenen Zutaten; es ist eine Komposition aus Fleisch, Fisch, Geflügel, Gemüse, Obst mit unterschiedlichen Gewürzen und dazu Suppengerichten. Die Suppe wird zum Essen begleitend getrunken, und sie wird daher nicht allein vor dem Hauptgang serviert. Als vorletzter Gang wird ein Nudelgericht und als Nachtisch oft Obst angeboten. Beim Essen bevorzugen die Chinesen einen chinesischen Tee, da dieser nach chinesischer Esskultur zur besseren Verdauung und einem Wohlgefühl im Magen beitragen soll. Mit der linken Hand halten die Chinesen die Reisschale und mit der rechten dann die Stäbchen als Besteck. Bei einer geschäftlichen Essenseinladung für die Chinesen sollte die Anzahl der zu bestellenden Gerichte weit über der Anzahl der anwesenden Personen sein, damit kein Eindruck von Geiz oder Sparsamkeit entsteht. Der Gastgeber und der Hauptgast sitzen in der Regel einander gegenüber und die anderen Gäste dazwischen.

Beim privaten Besuch eines Einheimischen wird oft, ohne sich nach den individuellen Wünschen zu erkundigen, etwas zum Trinken angeboten. Bei solch einer Einladung in das private Domizil des Gastgebers wird weder geraucht noch Alkohol getrunken. Auch dann, wenn diese Einschränkung von derselben Person in Restaurants oder an anderen Plätzen außer Haus nicht eingehalten wird. Bei einer höflichen Aufforderung des Gastgebers, zum Essen zu bleiben, sollte man sich zurückhaltend verhalten: Nur bei eindringlicher Bitte nimmt man die spontane Einladung zum Essen an. Generell sollte eine Essenseinladung im Privaten erst nach eindringlicher und mehrmaliger Bitte angenommen werden; dann ist die Einladung eine gewollte und keine bloße Höflichkeitsgeste. Die Ankunftszeit bei dem Gastgeber sollte trotz fest ausgemachter Uhrzeit ca. eine 10-minütige Verspätung (aber nicht mehr) einschließen. Ansonsten nimmt der Gastgeber an, dass der Gast mit knurrendem Magen bei ihm eingetroffen ist und dadurch der Besuch eher eine Belastung als eine Freude wird.

Die Gegeneinladung zum Essen: Die geschäftliche Essenseinladung sollte man immer als ein Prinzip des Gebens und Nehmens verstehen; ist man von seinem Geschäftpartner zu einem Geschäftsessen eingeladen, sollte man es zu einem späteren Zeitpunkt mit einer Gegeneinladung auf gleichem Niveau beantworten. Die Bezahlung übernimmt in so einem Fall immer der Einladende bzw. der Gastgeber.

Bei der Etikette ist Folgendes zu beachten: Beim Sitzen orientiert man sich an dem Gastgeber; der Gast sitzt dort, wo der Gastgeber ihm einen Sitzplatz zugewiesen hat. Man nimmt erst dann Platz, wenn sich der Gastgeber gesetzt hat. Wird erwartet, bei einem Privatbesuch auf dem Boden zu sitzen, dann macht man den Schneidersitz, wobei die Fußsohlen nach hinten zeigen (vgl. Kap. 2.5.2.7 in Indonesien), und die Frauen nehmen in der Reiterhaltung Platz. Das Rülpsen ist ebenso erlaubt wie die Essensreste, Fischgräten oder Knochen, auf den Boden oder auf den Tisch zurückzulegen. Das Trinkgeld ist dem Ermessen des Gastes überlassen.

Trotz vieler solcher Ge- bzw. Verbote ist die Toleranz als Bindeglied dieser multikulturellen Gesellschaft allgegenwärtig, so dass ein kleiner Fauxpas mit einem Lächeln quittiert wird.

2.2.5 Geschenke und Etikette

Die Malaysier lieben es zwar allgemein, beschenkt zu werden und e-
benso zu schenken, aber es hängt vom Anlass ab, ob es eine Freude o-
der eine Beleidigung bedeuten kann. Beim ersten geschäftlichen Besuch
oder beim ersten Kennlernen wird in der Regel ein hochwertiges bzw.
teueres Geschenk als deplatziert wahrgenommen, aber bei den nächsten
Besuchen akzeptiert man es gern. Daher sollte beim allerersten Besuch
ein Geschenk nur ein Symbol der Höflichkeit sein, sonst droht die Gefahr, es als ein Versuch des Einschmeichelns misszuverstehen. Der Ge-
schenkaustausch gilt in Malaysia als Ventil des Geschäftslebens. Übrigens wird das Geschenk nicht in Gegenwart des Schenkenden ausgepackt
Im Allgemeinen ist zu empfehlen, ein Geschenk immer in buntes Papier
einzupacken (vgl. Kap. 3.8 in Indonesien – über Farben), weil es neutral
ist und man sich vor einem Fauxpas aufgrund falscher Auswahl der Pa-
pierfarbe schützen kann. Als die Farbe Malaysias ist die grüne Farbe zu
nennen; die Farbe symbolisiert den Islam, grün ist der Dschungel, grün
sind die Kautschuk- und Ölpalmen, grün sind Reisfelder, und auch die
Busse sind grün. Die gelbe Farbe symbolisiert den König, daher sollte
man bei der Auswahl der Garderobe die Farbe Gelb nur zurückhaltend
verwenden (vgl. Kap. 2.2.6 u. 2.2.6.5).
Als Geschenkartikel ist ein Mitbringsel eines typischen Geschenkes aus
der europäischen Heimat gern gesehen, z. B. gängige Büroartikel, Süßigkeiten oder Kunstgegenstände (wie Zinnteller, Handarbeiten). Außerdem sind die lokalen Produkte vor Ort (wie Obst, Süßigkeiten, Prä-
sentkörbe, landesübliche Geschenkartikel zu verschiedenen Festtagen)
geeignet. Die Schnittblumen bzw. ein Blumenstrauß werden in diesem
Kulturkreis in erster Linie mit dem Tod bzw. einer Krankheit assoziiert,
und daher sollte man bei einem freudigen Anlass lieber Abstand davon
nehmen.
Bei den Chinesen gelten verschiedene ungeschriebene Regeln; beispielsweise symbolisieren für sie einzelne Gegenstände und ungerade
Zahlen die Einsamkeit und das Unglück. Die Zahl Vier steht in Verbindung mit Tod und ist daher grundsätzlich zu vermeiden. Das Geschenk,
worum es sich auch immer handeln möge, sollte man auf zwei Päck-
chen verteilen, weil die Chinesen im Doppelpack des Geschenkes einen
Glücksboten sehen.
Nicht selten schenkt ein malaiischer Gastgeber bzw. Partner dem ausländischen Partner als Zeichen einer hohen Wertschätzung gern einen
„Kris" (der malaiische Nationaldolch), welcher als Symbol der Ehre mit

übernatürlichen Kräften gilt. Obwohl dieser symbolträchtige Gegenstand als Werkzeug des Rächers im malaiischen Leben oft missbraucht wird, sollte man ihn nicht ablehnen, so sehr man auch befremdet ist. Mit einem dankenden Lächeln sollte der Gegenstand angenommen werden.

Für eine Privateinladung wird ein Geschenk als Zeichen der Freundschaft gern mitgenommen: dazu geeignet sind einheimische Lebens- bzw. Genussmittel (wie einheimischer Kaffee, Tabak, Süßigkeiten oder Meeresfrüchte).

Beim Umgang mit den Behörden sollte man bedenken, dass in Malaysia Beamte grundsätzlich nicht beschenkt werden dürfen, da die Regierung unter dem Motto „Berish, Cekap, Amnah" (sauber, effektiv und glaubhaft) arbeitet. Selbst ein harmloses Geschenk könnte als Bestechung angesehen werden, was dem Betroffenen ziemliche Unannehmlichkeiten bereiten dürfte. Der Zugang zu Regierungsstellen wird eher auf britische Art diskret und diplomatisch gehandhabt.

2.2.6 Gebote und Verbote bzw. Tabus

Während viele kleine kulturelle Missverständnisse und Fehltritte mit einem Lächeln toleriert werden, sind Fauxpas von größeren Ausmaßen für das Ende der Karriere verantwortlich und können verhängnisvolle Konsequenzen haben. Als wichtigste Regeln sind folgende zu erwähnen.

2.2.6.1 Das Gesichtwahren

Ein Gesichtsverlust ist bei allen drei ethnischen Gruppen gleichermaßen fatal. Alle halten sich an das Gebot, dass man für sich und für andere das Gesicht wahrt und wahren lässt. Das Gesichtwahren ist am besten durch die Harmoniewahrung zu erreichen; das Harmoniebedürfnis ist in allen Bereichen des Lebens präsent. Hierzu gehört beispielsweise die Tradition, die Eltern und die Toten zu respektieren. Es wird daher sorgfältig alles vermieden, was die Harmonie und die Ruhe zerstören könnte: z. B. lautstarke Auseinandersetzungen, öffentliches Anprangern, Pöbelei, Beschimpfungen, brüske Ablehnung, Ungeduld oder respektloser Umgang mit Älteren.

2.2.6.2 Körperliche Kontakte

Mit den körperlichen Berührungen, welcher Art und bei welchen Anlässen auch immer, sollte vorsichtig umgegangen werden. In Malaysia gelten Zärtlichkeiten auf der Straße als anstößig. Die körperlichen Berührungen werden nämlich als unangenehme, respektlose Distanzlosigkeit wahrgenommen: Beispielsweise wenn der Vorgesetzte seinem Mitarbeiter freundlich auf die Schulter klopft oder man die Kinder zum Lob bzw. zur Ermunterung an der Schulter streichelt oder man eine alte Bekannte aus Wiedersehensfreude umarmt. Erlaubt ist die Handbegrüßung (ohne zu langes Halten und festen Händedruck) und die Berührung von Mann zu Mann oder von Frau zu Frau. Nicht vergessen: Das Streicheln von Kopf und Haar ist strikt verboten.

2.2.6.3 Schweigen und Zuhören

„Schweigen ist Gold und Reden ist Silber" bzw. wie ein malaiisches Sprichwort es umschreibt: „Wer viel spricht, hat feuchte Lippen". Damit wird impliziert, dass nicht nur das Schweigen, sondern auch das Zuhören im Grunde goldwert sind. Wer zu viel redet, ist für die Malaien nicht vertrauenswürdig, und wer gut zuhört, erweist dem Redenden seinen Respekt und bekommt auch dieselbe Reverenz zurück. Auch ein übertriebenes Lob für ein schönes Kind bzw. zu viele Komplimente für die einheimische Gastgeberin sollte man tunlichst vermeiden; besonders das erste, weil nach der Auffassung der Einheimischen sonst ein böser Geist auf das schöne Kind aufmerksam wird und ihm etwas Böses antun könnte. Bei vielen Einheimischen ist diese Befürchtung eine real existierende Angst.

2.2.6.4 Gesten

Mit den Gesten agiert man vorsichtig und zurückhaltend, denn in jeder Kultur entwickelt sich ein eigenständiges Verständnis von nonverbalen Kommunikationsweisen wie Gesten und Mimik. Eine Geste wie die Haltung eines Daumens oder eines Zeigerfingers kann in einer Kultur mit Humor angenommen werden. Aber die gleiche Geste kann in einer anderen Kultur eine schwere Bestürzung bzw. ein Missverständnis auslösen oder gar eine Beleidigung mit negativen Konsequenzen mit sich bringen. In Malaysia ist beispielsweise das direkte Zeigen mit dem Finger auf Personen oder Gegenstände tabuisiert und ebenso das Zeigen der Fußsohlen und der offenen Hand.

2.2.6.5 Kleiderordnung

Sich an die Kleiderordnung zu halten bedeutet vor allem, sich bedeckt zu bekleiden. Die Gründe dafür sind zum einen der Islam und zum anderen die subtropische Hitze. Mit einer dezenten und schicklichen Aufmachung kann man sich vor dem „anklagenden" Blick schützen, aber auch vor der Sonne (vgl. Kap. 3.9 in Indonesien). Besonders für die offiziellen Termine (wie dem Besuch einer Behörde, dem Auftritt bei einer öffentlichen Einladung, bei einer Verhandlung) ist ein korrektes Outfit angebracht. In der malaiischen Businesswelt wird auf ein korrektes, angemessenes äußeres Erscheinungsbild viel Wert gelegt. Mit dem Tragen eines auffälligen und teueren Schmucks sollten sowohl Mann als auch Frau sich im beruflichen Alltag zurückhalten. Für einen „unerwarteten" Privatbesuch am Abend nach der Arbeit sollte man immer ein Paar frische Socken parat haben, wobei die Einheimischen oft barfuss durch die Wohnung gehen. Übrigens die Schuhe sollten beim Betreten der Wohnung, einer Moschee und in Tempeln ausgezogen werden; dies gebieten Höflichkeit und Respekt.

2.2.6.6 Meinungsäußerung

Zu kritische, analytische, persönliche bzw. polarisierende persönliche Meinungen zu irgendeinem Thema, das Vergleichen der Kulturen, beißender schwarzer Humor oder politische Kritik sollten gemieden werden, weil es niemandem nützt und weil es das Gesprächsklima trübt. Besser unterlassen sollte man auch Themen wie König, Sultane und Religion. Ebenso sollte man mit gesellschaftspolitisch brisanten Themen (wie die Massenabschiebung der indonesischen Wirtschaftsflüchtlinge oder der „seltsamen" Steuerpolitik der Regierung) vorsichtig sein. Was letztere anbelangt, ist beispielsweise die „Hundesteuer" zu nennen, weil diese nur die ethnische Gruppe der Chinesen betrifft; denn sie besitzen als einzige unter den Malaysiern Hunde, während die muslimischen Malaien die Hunde als unrein verdammen. Man munkelt, dass diese Art von Abgaben nur dazu da ist, die reichen Chinesen auf einem „offiziellen" Wege stärker zu besteuern.
Am besten sollte man neutrale Themen ansprechen, die das Harmoniebedürfnis nicht stören, wie Familie, Gesundheit, Tradition, wirtschaftliche Fortschritte oder Sehenswürdigkeiten.

2.2.6.7 Beachtung unterschiedlicher Sitten

In Malaysia richten sich die meisten religiösen Feiertage und traditionellen Feste nach dem für die jeweilige ethnische Bevölkerungsgruppe gültigen Kalender oder den Rhythmus der Natur. Darum hat Malaysia die meisten Feiertage; wenn nicht die Malaien feiern, dann die Inder oder die Chinesen. Am Zyklus des Mondes orientiert sich der Kalender der Muslime, bei denen das Jahr aus 354 Tagen besteht. Im Vergleich dazu orientiert sich der chinesische Kalender an Sonne und Mond, wodurch der Zeitpunkt der Feiertage wie das Neujahrsfest Jahr für Jahr variiert. Für die Hindus ist es auch wichtig, sich nach den Zyklen von Sonne und Mond zu richten, wobei sie zur Angleichung dieser Zyklen alle 3 Jahre einen Monat ergänzen. So ist es theoretisch möglich, viermal das neue Jahr in Malaysia zu feiern.

Die Inder und Malaien halten die linke Hand für unrein und daher wird sie weder beim Übergeben von Gegenständen wie einem Geschenk noch bei der Begrüßung benutzt; die reine Hand ist die rechte. Beim Schenken sollte man bei Chinesen beispielsweise auf die Zahlen und die Symbolik achten. Ein Beispiel dafür sind acht Orangen; die Zahl acht und die Orangen symbolisieren beide Glück und Reichtum bzw. Wohlstand.

3   Verhandlungen und betrieblicher Alltag

3.1   Besonderheiten bei der Verhandlung

3.1.1 Vorgehensweisen

Bei Verhandlungen sollte man sich zunächst bemühen, eine persönliche und vertrauliche Atmosphäre zu schaffen; dies ermöglicht es leichter, dass sich die beiden Verhandlungspartner näher kennen lernen und so ein Vertrauensverhältnis auf persönlicher Basis aufbauen. In Malaysia sagt man, je länger desto besser, wenn es um das Knüpfen der persönlichen Kontakte geht. Es werden verschiedene Informationen beim ungezwungenen Smalltalk ausgetauscht, und man lernt dabei auch, sich gegenseitig richtig einzuschätzen. Dafür lässt man sich Zeit, und es gibt keinen Raum für Hast, Drängeln oder Belehrung. Die Zeit wird investiert in das Zuhören, in die gegenseitige Wertschätzung und in die gemeinsame geschäftliche Zukunft. In der Regel trifft man bestens mit der westlichen Businesskultur vertraute Einheimische am Verhandlungstisch, welche sich auch weitgehend westlich verhalten. Aber sie sind dennoch Malaysier, und zwar tief verbunden mit ihrer Tradition. Es ist daher zu empfehlen, immer Bescheidenheit, Zurückhaltung und leises Auftreten an den Tag zu legen und sich intuitiv vom Taktgefühl leiten zu lassen.

Die anberaumte Zeit für die Verhandlungen soll lange genug sein, so dass die Verhandlungen ohne Zeitnot abgewickelt und auch die damit verbundenen gesellschaftlichen Einladungen bzw. Veranstaltungen (beispielsweise zu dem von einem Ministerium initiierten Symposium oder zu einer Feier bei einem Sultan) zum Aufbau der Beziehungen ausgeschöpft werden können. Beim Beziehungsaufbau sollte man vor allem von solchen Personen Abstand halten, die sich mit „guten Beziehungen" brüsten und sich auf diese Weise als Partner empfehlen. Ein solider potenzieller Partner für eine geschäftliche Beziehung legt eher Zurückhaltung an den Tag. Die Kontakte zu den Regierungsstellen und den zuständigen Personen sollten diskret und zurückhaltend erfolgen.

Geschäftlich achten die Malaien auf Pünktlichkeit. Aber sie tolerieren im Privatleben eine Verspätung von bis zu 30 Minuten. Die meisten

Malaysier orientieren nämlich ihr Leben eher an einer zyklischen Zeitauffassung in Anlehnung an Naturphänomene (z. B. Regenzeit, Mondphase) als an der linearen Zeitstruktur der westlichen Kultur.

3.1.2 Orientierung an Unterschieden

Ist das Vertrauensverhältnis hergestellt, dann geht man schrittweise zum eigentlichen Sachverhalt über. Bei der Argumentation sollte man möglichst die Unterschiede im Denken zwischen ausländischen und einheimischen Managern berücksichtigen; während der ausländische Verhandlungsteilnehmer die Argumente logisch darzustellen bemüht ist, versteht die einheimische Seite die Verhandlungsargumente des Gegners im gesamten Kontext hinsichtlich des Verhandlungsgegenstandes und der eigenen Unternehmenspolitik. Die Einheimischen brauchen mehr Zeit, eine Entscheidung in der Verhandlung treffen zu können. Außerdem sollten grundsätzliche Unterschiede im Kommunikationsstil beachtet werden; beispielsweise neigen die Malaysier nicht dazu, einem die wahre Meinung ohne weiteres zu sagen, und ein direktes Nein wird grundsätzlich vermieden. Ein großes Missverständnis in der Verhandlung entsteht oft dort, wo die Malaysier sich ruhig verhalten und indirekt (vor allem ohne lautstarke Äußerungen) ihre Kritik äußern. Die Kritik wird sehr vorsichtig und zurückhaltend formuliert. Die westlichen Verhandlungsteilnehmer nehmen diese Art der subtilen Kritik nicht richtig wahr und verstehen die Haltung der Malaysier nicht korrekt. Sie stufen fälschlicherweise dann ein so verlaufendes Meeting als ein gutes Gespräch bzw. als einen Zwischenerfolg ein.

In der Regel verhalten sich die Malaien in der Verhandlung insgesamt ruhig, schweigsam, höflich und zurückhaltend, wobei die verschiedenen Geschäftsstile der Malaysier auch berücksichtigt werden sollten (vgl. Kap. 3.1.3.3). Diese traditionelle Höflichkeit der Malaysier gegenüber Ausländern, Ranghöheren oder älteren Gesprächspartner interpretieren die westlichen Manager bzw. Verhandlungsmitglieder oft als Unwissenheit, Ungeschicklichkeit bzw. Unerfahrenheit der Malaysier im internationalen Business. Aus solch einer falschen Annahme heraus verhalten sich die westlichen Verhandlungsmitglieder teilweise überheblich und lassen unbewusst durch das eigene Gebaren bzw. Auftreten den malaiischen Partner spüren, dass er ein im internationalen Geschäft Unerfahrener und somit lediglich ein naiver Verhandlungspartner sei. Es ist eine schwerwiegende, fast nicht wiedergutzumachende Fehleinschätzung, worunter das eigentliche Geschäft zu leiden hat.

Ist bei der Verhandlung eine malaiische Managerin bzw. Teilnehmerin dabei, sollte man daran denken, dass normalerweise die Männer- und Frauenwelt in Malaysia streng getrennt ist. Daher ist auch der Umgang mit der anwesenden Verhandlungsteilnehmerin auf der sachlichen Ebene zu konzentrieren und auf alle anderen wohlwollenden Gesten (wie Galanterie) zu verzichten bzw. auf das Minimum der Höflichkeitsregeln zu reduzieren.

Sind junge malaiische Verhandlungsmitglieder mit Auslandserfahrungen dabei, ist davon auszugehen, dass man es mit selbstbewussten Managern zu tun hat, die mit dem westlichen Verhandlungsstil vertraut sind und daher auf der konkreten Sachebene knallhart verhandeln können. Sie demonstrieren auch ungeniert und ohne Umschweife ihre deutlich ausgeprägten Nationalgefühle. Die Durchführung der Verhandlung sollte man daher an die gegebenen Randbedingungen anpassen, d. h. die Verhandlung sollte zügig, sachlich, hart, zielstrebig, aber höflich und in gegenseitigem Respekt durchgezogen werden.

Ist eine geschäftliche Verhandlung mit einem indischen Malaysier anberaumt, dann sollte man wissen, dass die Inder genauso wie alle anderen Malaysier den persönlichen Kontakt bevorzugen, wobei sie sich auffallend kontaktfreudig präsentieren. Sie zeigen auch ihre Emotionen mehr als andere ethnische Minderheiten; sie schütteln die Hand eines ausländischen Verhandlungspartners lang und oft, und sie klopfen auch auf die Schulter des Partners, und sie bekunden immerzu, er sei „der beste Freund". Aber hinter dieser Jovialität verbirgt sich meist ein unnachgiebiger und gerissener Geschäftsmann; ein bedachter und vorsichtiger Umgang und eine sorgfältig vorbereitete Verhandlung (mit allen Eventualitäten) sind hier angebracht.

Fühlen sich die Malaysier von einem ausländischen Verhandlungspartner fair, höflich, respektvoll und gleichberechtigt behandelt, dann beweisen sie in ihrem Geschäftsgebaren ein hohes Maß an Integrität und Vertragstreue. Ebenso zeigen sie auch ihre Geradlinigkeit und Verlässlichkeit, indem sie die mündliche Vereinbarung in der Verhandlung genauso einhalten wie die schriftliche. Einzelne unwesentliche Aspekte können auch mündlich vereinbart werden, dennoch ist es generell nicht zu empfehlen, auf schriftliche Abmachungen bzw. Festlegungen zu verzichten.

3.1.3 Nicht zu vernachlässigende Aspekte

Es gibt bei der Verhandlung in Malaysia einige besondere Aspekte, zu berücksichtigen.

3.1.3.1 Bezug zu Singapur

Was man während des gesamten Verhandlungszeitraums und auch danach bei der Zusammenarbeit zu berücksichtigen hat, ist die besondere Empfindlichkeit der Malaysier in Bezug auf das Nachbarland Singapur; zum einen sollte man Malaysia immer als einen vollwertigen Wirtschaftspartner behandeln und nicht als das „Hinterland von Singapur". Zum anderen ist bei einem Kurzbesuch der malaiischen Kundschaft bzw. des Geschäftspartners der Eindruck zu vermeiden, dass der ausländische Geschäftsmann anlässlich eines Aufenthaltes in Singapur einen kurzen Abstecher nach Malaysia gemacht hat. Mit anderen Worten: Das Gefühl, immer noch hinter Singapur herzulaufen, mögen die Malaysier absolut nicht, und zudem hat sich die wirtschaftliche Situation zugunsten der Malaysier entwickelt. Denn mittlerweile nehmen die Malaysier Singapur die Kundschaft weg; beispielsweise steuern ausländische Schiffe nicht mehr den teuren Hafen von Singapur an, sondern den modernen, preiswerten malaiischen Hafen mit den sehr kundenfreundlichen Serviceleistungen.

3.1.3.2 Bezug auf die „Bumiputra-Politik"

Im Hinblick auf die Unterschiede der Volksgruppen ist Folgendes zu beachten: Die ethnische Gruppe der Malaien scheut sich nicht, zu erwarten, dass der ausländische Geschäftspartner die Ungleichbehandlung der verschiedenen Volksgruppen akzeptiert. Die Malaien bevorzugen gern ein Jointventure im Rahmen der Bumiputra-Politik.

3.1.3.3 Bezug auf die Geschäftsstile

Der Geschäftsstil der Chinesen ist im Grunde aggressiv, und sie orientieren sich an den Profitmaximen und zeigen einen ungezügelten Kapitalismus, der die Profitmaximierung in den Vordergrund stellt. Die Chinesen in Malaysia befinden sich oft in einer defensiven und fragilen Position. Diese Haltung rührt unter anderem daher, dass sie sich mit dem Staat nicht ganz identifizieren und meinen, dass ihr Wohlstand vom

Staat für nicht ausreichend abgesichert sei. Sie halten sich daher jederzeit die Option offen, zu fliehen oder ins Exil zu gehen, wenn beispielsweise wieder ein Rassenkonflikt ausbrechen sollte. Es ist auch ein offenes Geheimnis, dass manche Chinesen einen zweiten Pass eines anderen Staates besitzen und einen Teil ihres Vermögens im sicheren Ausland geparkt haben. Sie sind diejenigen, die unter den in der Vergangenheit entstandenen Rassenkonflikten am meisten gelitten haben bzw. einen Schaden verkraften mussten.

Bei geschäftlichen Transaktionen ist es besser, wenn ausländische Handelsfirmen mit den lokalen Agenturen zusammenzuarbeiten, um so die Hürden der Bumiputra-Politik zu umgehen und mit deren Hilfe zu weit gestreuten Einzelhandelsfirmen Beziehungen knüpfen zu können. Da sich der Importhandel in der Regel produkt- bzw. branchenspezifisch orientiert, sind die guten Kontakte zu den Chefeinkäufern des Fachhandels und der Einzelhandelsfirmen essenziell. Die lokalen Agenturen sind besser in der Lage als eine ausländische Firma vor Ort, die räumlich teilweise weit verstreuten Einzelhandelsfirmen bestens zu betreuen. Zur Einführung ausländischer Produkte wird eine von ausländischen Investoren geschätzte und beliebte Methode empfohlen, bei der eine kurze, aber intensive Kampagne mit einer Werbung und mit einer Minimesse (mit einem Begleitseminar) kombiniert wird. Dieses Vorgehen ist effektiv, marktgerecht und kostengünstig.

3.2 Betrieblicher Alltag

3.2.1 Personalführung

In einem malaiischen Betrieb wird von der Belegschaft erwartet, dass das Management den Betrieb der malaiischen Tradition entsprechend führt. Das heißt, dass die Führungskräfte auf das Prinzip des Gesichtswahrens achten. Chef zu sein bedeutet, dass er für alle da ist, d. h. er vertritt seine Mitarbeiter nicht nur in betrieblichen Angelegenheiten, sondern trägt auch für sie die moralische und soziale Verantwortung.

Ein ausländischer Manager wird in der Regel wie ein uneingeschränkter Monarch angesehen, und jedes Wort von ihm wird von seinen Mitarbeitern auf die Goldwaage gelegt. Diese Praxis impliziert, dass ein ausländischer Manager mehr als im Westen sein Verhalten und seine Äußerungen zu kontrollieren hat. Und er braucht viel Geduld in jeder Hinsicht; nicht nur beim Zusammenarbeiten mit den Behörden, da die Arbeit der malaiischen Behörden zähflüssig läuft, sondern auch im Betrieb, wo es aufgrund vieler unerwarteter Probleme bzw. Schwierigkei-

ten viel Improvisationstalent und Flexibilität erforderlich sein werden.
Die Führungskräfte sollten möglichst konfliktfrei und harmonisch mit
ihren Mitarbeitern arbeiten und ein hohes Maß an Empathievermögen
zeigen. Aufgrund der Unterschiede im Denken kommen die einheimischen Mitarbeiter mit den logischen Schlussfolgerungen ihres ausländischen Chefs nicht unbedingt klar. Sie verstehen es nicht richtig bzw. sie
sind nicht einsichtig, warum es so sein sollte, wie der Chef den Sachverhalt beurteilt. Für solche Fälle benötigen sie eine ausführliche Erklärung bzw. wiederholte Darlegungen seitens des Vorgesetzten. Die Malaien bevorzugen eine bildliche Sprache und anschauliche Beschreibungen; angenommen, man will einem malaiischen Mitarbeiter etwas erklären, dann sollte man den Inhalt vereinfachen und mit Bildern veran-
schaulichen (visualisieren), so dass er es besser und leichter begreifen
bzw. verstehen kann.
Als ausländischer Vorgesetzter sollte man sich zum Essen in der Kantine jeden Tag an einer anderen Essensausgabestelle anstellen, damit der
Eindruck vermieden wird, eine ethnische Gruppe zu bevorzugen. Denn
mit Rücksicht auf die Religionsunterschiede werden in jeder Betriebs-
kantine mindestens drei verschiedene Gerichte ausgegeben. Religiöse
Vorschriften sind für das geschäftliche Leben teilweise ein Hemmnis
(z. B. der Freitag als Feiertag, was im internationalen Business ein kleines Hindernis darstellt oder die mehrmaligen Gebete des Tages). Dennoch sollte man es berücksichtigen.
Bei der Entscheidungsfindung sollten die Führungskräfte möglichst auf
einen Konsens hin arbeiten, damit sich die Mitarbeiter mit der Entscheidung identifizieren und sich als ein Team begreifen und so für das
betriebliche Ziel zusammenarbeiten. Erwartet wird zudem, dass die
Führungskräfte rücksichtsvoll sind, in dem sie den Mitarbeiter nicht direkt kritisieren. Sie sollten auch die Schaffensfreude der Mitarbeiter
wecken und so die Leistungsmotivation der Mitarbeiter erhöhen.
Was für eine unangenehme bzw. prekäre Situation auch entstehen mag,
sollte eine Führungskraft niemals die Fassung oder die Selbstbeherrschung verlieren.
Bei der Mitarbeiterführung sollte man auch die unterschiedlichen Ar-
beitseinstellungen zwischen den verschiedenen ethnischen Gruppen beachten: Die Malaien betrachten Reichtum eher als Zufall, während für
die Chinesen Wohlstand ein Ergebnis eigner Leistung ist; daher assoziieren sie Reichtum immer mit Schweiß, Fleiß und Sparsamkeit. Die
Chinesen begreifen die Dinge schneller als die meisten Malaien, und sie
sind gewandt, weltoffen, strebsam und fleißig. Die Malaien zeigen eine
starke Verbundenheit mit dem Unternehmen und sind kooperativ, aber

sie tun sich generell schwer mit der Weiterbildung. Eine Engelsgeduld aufgrund der sprachlichen Barriere braucht man, wenn man mit einheimischen Mitarbeitern ohne ausreichende Englischkenntnis in einem produzierenden bzw. verarbeitenden Gewerbe zusammenarbeiten sollte. Der Führungsstil der malaiischen Führungskräfte ist kooperativ und harmonieorientiert, aber autoritär, weil sie gerne Anweisungen erteilen und von Mitarbeitern eine strikte Befolgung erwarten.

Singapur

1   Land und Leute

1.1   Das Land – Asiens goldene Mitte

Singapur (Republic of Singapore) ist ein Inselstaat ohne jegliche Bodenschätze und ist das kleinste Land in Südostasien (so groß wie Hamburg). Der Name Singapur rührt vom dem Sanskrit her und bedeutet
„Löwenstadt" (Singha – Löwe, Pura – Stadt). Als Amtsprachen sind
Malaiisch, Hochchinesisch, Tamil und Englisch zugelassen, wobei Malaiisch als Nationalsprache und Englisch als Verkehrssprache (besonders für Dokumente und für die Wirtschaft) gilt. Die Hauptstadt ist Singapur und die Währung heißt Singapur-Dollar (S$). Der Stadtstaat hat
ca. 4,2 Millionen Einwohner.
Geographisch gesehen liegt Singapur am Zipfel der Malaiischen Halbinsel, getrennt durch die schmale Meeresenge der JohorStraße. Nach
Süden grenzt sich der Stadtstaat durch die Straße von Singapur zu Indonesien ab. Als unmittelbare Nachbarländer sind im Norden Malaysia
und im Süden Indonesien zu nennen. Singapur ist aber mit Malaysia
durch eine Brücke mit der zweitgrößten malaiischen Stadt (Johor Bahru) und durch eine Schnellstraße (Ayer Rajah Expressway) verbunden.
Der Stadtstaat liegt so zwischen zwei größeren Nationen, und der Zugang zu See oder Wasser hängt vom guten Willen der Nachbarländer
ab. Der Inselstaat besteht aus einer Hauptinsel, drei größeren und etwa
50 kleinen Inseln. Das Staatsgebiet war bis in die 1960er Jahre meist
mit tropischem Regenwald bedeckt und wurde hauptsächlich landwirt-
schaftlich genutzt. Dies änderte sich mit der Unabhängigkeit 1965, als
der Staat mit dem Errichten von Satellitenstädten und mit der stetigen
Landgewinnung eine beispiellose städtebauliche Entwicklungs- und
Modernisierungsphase einleitete. Dieser Prozess hält bis heute an.
Das Klima ist tropisch und durch die hohe Luftfeuchtigkeit bei einer
durchschnittlichen Temperatur von über 28 Grad Celsius gekennzeichnet, wobei zwischen Oktober und Februar das Wetter vom Monsun bestimmt wird. Alles blüht und gedeiht über das ganze Jahr immerfort.
Die Nationalflagge besteht aus zwei gleich großen Teilen, die horizon-
tal getrennt sind: Der obere Teil ist rot und symbolisiert die universelle
Brüderlichkeit und Gleichheit der Menschen, und der untere mit weißer

Farbe steht für Reinheit und Tugend. Auf dem oberen roten Teil gibt es einen weißen Halbmond (Symbol für eine aufsteigende Nation), und die in einem Kreis dargestellten fünf weißen Sterne stehen für Singapurs Ideale (Demokratie, Frieden, Fortschritt, Gerechtigkeit und Gleichheit). Der Stadtstaat ist politisch als eine parlamentarische Republik mit einem System organisiert, das in Anlehnung an das britische Vorbild entwickelt wurde. Als Staatsoberhaupt steht der Präsident an der Spitze des Landes, und die Regierung wird vom Premierminister geleitet. Singapur gilt als die sicherste Großstadt der Welt (kaum Kriminalität), und die Einwohner genießen einen höheren Lebensstandard als die Briten. Das Land ist das beste Erfolgsbeispiel in der Geschichte der Dritten Welt (vgl. Kap. 1.5.5), und es ist fast korruptionsfrei. Der Stadtstaat verfolgte seit seiner Gründung im Allgemeinen drei Ziele: Das erste ist das Überleben des Stadtstaates ohne eigene Trinkwasserquelle im Umfeld von größeren Nachbarländern abzusichern, die dem Land gegenüber nicht immer friedlich gesinnt sind. Das zweite ist das Wahren von Recht und Ordnung durch Kontrollen und Regulierungen in jeder Hinsicht. Das letzte Ziel ist, Wohlstand für alle Bürger zu erreichen, was auch bereits weitgehend erreicht wurde, wobei die Regierung in den letzten Jahren gegen ein wachsendes Wohlstandgefälle zu kämpfen hat. Dennoch wohnen gut 80 Prozent aller Bürger von Singapur in einer eigenen Eigentumswohnung, und es gibt keine Slums (vgl. Kap. 1.4). Die Bürger zahlen einen niedrigen Steuersatz, wobei der Höchststeuersatz von 20 Prozent in Singapur unter den Industrieländern am niedrigsten ist, und die Arbeitslosigkeit beträgt ca. 3 Prozent.

1.2   Mentalität und Religionen

Die Bevölkerung Singapurs zählt ca. 4,2 Millionen Menschen, wovon 77 Prozent Chinesen, knapp 13 Prozent Malaien, acht Prozent Inder und restliche zwei Prozent andere Nationalitäten sind. Es leben und arbeiten ca. 800 000 Ausländer in Singapur. Unter der Regierungspolitik, in der die ethnische und kulturelle Identität jeder Bevölkerungsgruppe und die Chancengleichheit in Bildung und Beruf garantiert sind, halten die verschiedenen ethnischen Gruppen als Singapurer zusammen. Sie teilen den Wohlstand, und sie bringen gemeinsam das Land voran. Die Regierung ermöglicht Stabilität, Ordnung und wirtschaftlichen Erfolg. Die chinesischen Einwanderer kamen ins Land als einfache und bettelarme Arbeitsuchende und fanden dort Arbeit und Aufstiegschancen. Sie waren willensstark und nahmen jede Arbeit an und schafften unter sich die nötigen politischen Rahmenbedingungen wie Bildungsmöglichkeiten für ihre Kinder. Vor allem brachten sie ihre chinesischen Tugenden wie Fleiß, Sparsamkeit und Ausdauer mit. Sie verfolgten ihre überlieferten Werte wie die Loyalität zur Familie (Ahnenkultur) und konfuzianische Verhaltensnormen, und sie glaubten fest, durch Leistung materiellen Wohlstand erzielen zu können. Die chinesischen Emigranten handelten auch nach alter chinesischer Überzeugung, persönliche Sicherheit nur durch materielle Absicherung und wirtschaftliche Unabhängigkeit erreichen zu können. Sie strebten danach, sich selbständig zu machen und so das Schicksal in die eigenen Hände zu nehmen. Hierzu ist die Geschichte von etwa 50 erfolgreichen Singapur-Unternehmern, die alle als mittellose Emigranten anfingen, ein aussagekräftiger Beweis. Von dieser ersten Generation leben nur einige als über 90-jähige noch, und sie führen schon lange nicht mehr das von ihnen gegründete Unternehmen. Aber sie werden von ihren Kindern bzw. Enkelkindern, die jetzt die Unternehmen weiterführen, respektiert und angehört, wenn es um das Geschäft geht. Das Unternehmertum in Singapur schuf so eine eigene Arbeitsethik, in der der wirtschaftliche Erfolg im Zusammenhang mit einem guten und moralischen Menschenbild betrachtet wird. Das heißt, dass für die chinesischen Geschäftsleute der Kapitalismus mit Moral und Ethik vereinbar ist. Generell handelten die chinesischen Emigranten in Südostasien nach diesem Grundsatz und erarbeiteten sich auf diese Weise eine wirtschaftliche Machtstellung. Obwohl die Chinesen außerhalb von Singapur wie in Indonesien, Malaysia, auf den Philippinen und in Thailand eine Minderheit sind, schafften sie ein wirtschaftliches Imperium, und sie bauten ein einflussreiches, erfolgreiches chinesisches Netzwerk auf. Dieses Netzwerk von Auslandschinesen engagiert sich zur Zeit in der Volksrepublik China, und ihre Investitionen zeichnen für zwei Drittel aller Investitionen verantwortlich, die vom Ausland nach China kommen (über die Auslandschinesen – vgl. Kap.1.7 in Indonesien). Die Religion bzw. der Glaube der meisten Chinesen ist als eine eigentümliche Mischung aus Buddhismus, Taoismus und Konfuzianismus zu bezeichnen (vgl. Lee 1997 S. 5 ff). Demnach glauben sie an ein Leben nach dem Tod und an eine Wiedergeburt. Äußerst wichtig für die Chinesen ist die Ahnenverehrung, die nach ihrer Tradition den Familienzusammenhalt fördert und wodurch die Aufrechthaltung der Verbindung zwischen den Ahnen und den Lebenden möglich wird.

Die Malaien sind freundlich, und Höflichkeit und Etikette spielen im Leben der Malaien eine wichtige Rolle. Sie begegnen den Mitmenschen, gleichviel ob Einheimischen oder Ausländern, mit Respekt und Achtung. Sie haben einen ausgeprägten Gemeinschaftssinn und fühlen sich für die Familie, Freunde, Nachbarn und auch für Mitarbeiter im Unternehmen verantwortlich; sie teilen gern Freud und Leid, und sie helfen sich gegenseitig, und malaiische junge und alte Generationen pflegen untereinander einen respektvollen Umgang, und sie bleiben immer gastfreundlich und höflich. So versuchen sie, trotz des hektischen modernen Lebens in Singapur ihre Traditionen und Werte zu bewahren.

Die Inder werden als lebhaft, humorvoll, lebensfroh und warmherzig beschrieben. Diese sind aus unterschiedlichen Gegenden Indiens (der größte Teil aus Südindien und Tamilen) ausgewandert und haben verschiedene Religions- bzw. Glaubenszugehörigkeiten, und die meisten von ihnen sind Hindus, Muslime und Sikhs. Die Inder sind in jeder sozialen Schicht anzutreffen; in den oberen Schichten sind sie oft als Rechtsanwälte oder Ärzte anzutreffen und in den mittleren als Kleinunternehmer im Textilsektor oder als Ladenbesitzer und in den unteren sozialen Schichten als einfache Arbeiter oder Händler. Sie zeigen sich mit ihrer Religion tief verbunden und orientieren ihr Verhalten an den Religionsgeboten, wobei sich die junge Generation davon mehr und mehr entfernt und sich einen modernen Lebensstil ohne großen Religionseinfluss aneignet. Ein Hinweis zu den Namen der Inder: Die muslimischen Inder erkennt man an einem Namen, der die Anfügung von „bin" oder „binti" (bedeutet Sohn des X bzw. Tochter des Y) enthält. Die hinduistischen Inder tragen den Namen ihres Vaters vor dem eigenen Namen, da die meisten keinen Familiennamen besitzen. Die Inder, die der Glaubensgemeinschaft Sikh angehören, sind am Bart und Turban leicht zu erkennen, und alle männlichen Sikhs tragen den Beinamen „Singh" (Löwe).

Zwei pikante gesellschaftspolitische Probleme in Bezug auf die multikulturelle Gesellschaft sind zu erwähnen; zum einen ist es die starke Überalterung der Bevölkerungsstruktur, da einer zu geringen Geburtenrate ein zu hoher Anteil an Senioren gegenübersteht. Zum anderen ist es die Zusammensetzung der verschiedenen ethnischen Gruppen, z. B. Chinesen, Malaien, Inder, Europäer, Euroasiaten. Von ihnen mischt erst die zweite Generation sich untereinander, wodurch die Zahl der problematischen Geburten zunimmt. Diese gesellschaftspolitischen Schwierigkeiten führen zu neuen Problemen. Die Nicht-Übereinstimmung von Lebensort und Nation ist eines: Viele Singapurer, die sich zwar als solche fühlen, wählen dennoch ein Leben im Ausland. Einen anderer Teil der Leute, die in Singapur leben, betrachten das Land nicht als ihr Land. Ein weiteres gravierendes Problem besteht darin, dass das Land angesichts der Überalterung der Gesellschaft die Zuwanderung von Auslän-

dern braucht, die sich mit dem Land identifizieren und die mit anderen
Singapurern zusammen eine gemeinsame Identität entwickeln. Was die
Zuwanderung anbelangt, macht der Stadtstaat keine Einschränkung bezüglich der Hautfarbe, Religion, Kultur oder der ethnischen Zugehörigkeit. Der Kandidat hat nur die Voraussetzung der Förderung zur Zuwanderung zu erfüllen.
Die Religionsvielfalt ist auch vor diesem multikulturellen Hintergrund
zu betrachten, wo jede ethnische Gruppe die Freiheit ihrer Religionen
(z. B. Christentum, Buddhismus, Islam, Hinduismus, Sikh, Taoismus,
Judentum) genießt. 14 Prozent der Bevölkerung sind Christen und davon über die Hälfte protestantisch. Was den Buddhismus und den Daoismus (bzw. Taoismus) angeht, sollte man sich in meinem Buch „A-
siengeschäfte mit Erfolg" (vgl. Lee, 1997, S. 5 ff) genauer informieren
und über den Islam im vorliegenden Buch im Teil über Malaysia (vgl.
Kap.1.3 in Malaysia). Die Grundzüge des Hinduismus und der Glaubensgemeinschaft Sikh werden an dieser Stelle nur knapp erläutert: Im
Hinduismus geht es um den Glauben an einen universellen Geist ohne
Anfang und ohne Ende. Dieser wird Brahma (was „Weltseele" bedeutet) genannt und ist ein Gott, der sich in drei göttlichen Manifestationen
zeigt. In ihm vereinen sich Brahma (der Schöpfer), Vischnu (der Erhal-
ter) und Shiva (der Zerstörer). In der Glaubensgemeinschaft der Sikhs
geht es um den Versuch der Verschmelzung der Lehren des Hinduismus
und des Islams zu einer Einheit. Als wichtige Dogmen für Sikhs gelten
die Karmalehre und der Geburtenkreislauf. Für Sikhs ist es wichtig, im
Einklang mit sich und der Schöpfung zu leben.

1.3   Geschichtliche Entwicklung

Im 7. und 8. Jahrhundert besiedelte ein Fürstentum mit dem Namen
Temasek (was „Stadt am Meer" bedeutet) und entwickelte die Insel zu
seiner Zeit zu einer blühenden Handelsstadt. Noch heute wird der Name
für eines der wichtigsten Unternehmen in Singapur verwandt. Danach
verlor die Handelsstadt ihre Bedeutung und änderte auch ihren Namen
in „Singapur", da der Sage nach sich das Wahrzeichen von Singapur als
ein Meeresungeheuer Namens „Merlion" vor langer Zeit gezeigt hatte.
Als 1819 Sir Stamford Raffles kam und Singapur als den besten natürli-
chen Tiefseehafen Südostasiens entdeckte, lebten nur ein paar malaiische Fischer dort. Er steckte die Nationalflagge Großbritanniens in den
Sumpfboden und gründete eine Agentur der britischen Ostindischen
Handelskompanie, um das Handelsmonopol der Holländer entlang der
Straße von Malakka zu brechen. 1824 kaufte die Ostindische Kompanie

vom malaiischen Sultan von Johor die gesamte Insel für einen symboli-schen Preis. 1867 wurde die Insel zur britischen Kronkolonie und ent-wickelte sich bald dank ihrer geographisch günstigen Lage entlang der Schiffswege als ein Umschlaghafen für den Handel zwischen Europa und China.

Während des Zweiten Weltkrieges besetzte Japan zwischen 1942 und 1945 das Land und nannte es „Syonan-to" („Licht des Südens"). Nach der Kapitulation von Japan wurde das Land an die Briten zurückgege-ben, und von 1959 an wurde die Region eine autonome Kronkolonie: An der Spitze stand Lee Kuan Yew als erster Premier, der als Grün-dungsvater des heutigen Singapur gilt. 1962 wurde Singapur in eine Föderation mit Malaysia, Sabah und Sarawak entlassen, welche der Stadtstaat bald mit der Erklärung seiner Unabhängigkeit am 9. August 1965 verließ. Die Trennungsgründe waren zum einem die Rassenkon-flikte zwischen Chinesen und anderen ethnischen Gruppen, die im Herbst 1964 ausbrachen. Zum anderen waren die sichtbar auftretenden, massiven politischen Differenzen zwischen der in Singapur agierenden PAP (People's Action Party) und der Föderationsregierung in Kuala Lumpur. Nach wie vor bestehen einige Probleme zwischen beiden Staa-ten (Malaysia und Singapur) wegen des Grenzstreites und der Besitz-tumsfrage über einige Inseln (wie Pedra Branca, Middle Rocks und South Ledge) sowie der Wasserversorgung. Das letztere Problem ist für Singapur eine essenzielle Frage, da im Lande kein Trinkwasser vor-kommt und man daher auf den Import von Wasser aus Malaysia ange-wiesen ist. Singapur importiert das Wasser von Malaysia, und ein Teil davon wird aufbereitet nach Malaysia exportiert. Daher gibt es zwi-schen beiden Ländern über die Wasserversorgung und die Abrechnung der Kosten für die Aufbereitung und die Instandhaltung der dazu benö-tigten Infrastruktur seit jeher Streit.

Der junge Staat packte die enormen Probleme (wie die Massenarbeits-losigkeit, Wohnungsnot, Mangel an landwirtschaftlichen Nutzflächen oder Rohstoffen) an und kämpfte bei der Staatsgründung 1965 ums Ü-berleben. Singapur schaffte zwischen 1959 und 1990 während der Re-gierungszeit des ersten Premiers Lee die Wende, da der Stadtstaat als Handelsplatz und Billigproduzent prosperieren konnte. Das Land hat sich mit einem gehobenen Lebensstandard und mit enormer Wirtschaft-kraft von einem armen Land zu einer Industrienation entwickelt. Seit August 2004 regiert der dritte Premier (Lee Hsien Loong, Sohn des 1990 zurückgetretenen Staatsgründers Lee Kuan Yew) das Land. Jetzt hat quasi ein neues Zeitalter für Singapur begonnen, nämlich als Stand-ort für eine Wissensgesellschaft mit Forschung und Lehre, für Dienstleistungen für das Finanzgewerbe und die damit verbundene Wertschöpfung.

1.4 Wirtschaftliche Entwicklung

Nach dem Austritt aus der Föderation und nach der Unabhängigkeit musste das arme Land zuerst um das wirtschaftliche Überleben und somit um die wirtschaftliche Unabhängigkeit kämpfen. Hierzu bedient sich das Land einer Innenpolitik zwischen Demokratie und Diktatur, nämlich des singapurisch-konfuzianischen Kapitalismus, was die Westen als Autoritarismus bezeichnet und kritisiert wird: Die politische Opposition erhielt kaum eine Chance auf der politischen Bühne, und den Bürgern werden die richtigen Verhaltensweisen diktiert, und die staatlichen Unternehmen dominieren auf dem heimischen Markt. Aber wirtschaftspolitisch hält das Land an dem Kurs der Deregulierung und Privatisierung der Volkswirtschaft fest, und es ist in dieser Hinsicht weltweit das erfolgreichste Land. Die Verdienste der Regierung sind unumstritten, und es ist offensichtlich, dass der Stadtstaat eine sehr erfolgreiche und transparente marktwirtschaftliche Politik betreibt. Der Staat garantiert die Rechtssicherheit, und er sichert mit der sozialistisch anmutenden Gesellschaftspolitik einen hohen Lebensstandard für alle Bürger. In den letzten Jahren lockert die Regierung nach innen ihre konservative und rigide Gesellschaftspolitik ein wenig, so dass privatwirtschaftliches Unternehmensengagement und die politische Opposition ein Podium finden.

Dank der strengen Gesetze und der strengen Überwachung ist das Land fast korruptionsfrei und verzeichnet eine der niedrigsten Kriminalitätsraten der Welt und zeigt so eine hohe Transparenz. Die konfuzianische Werteorientierung der Bevölkerung und die staatlich gelenkte Moral und Ethik tragen auch dazu bei, dass das Land sich zu einer wohlhabenden Industrienation entwickelt.

Die Infrastruktur des Landes ist ausgezeichnet ausgebaut. Zu Malaysia bestehen zwei Brücken; eine davon ist die in den 20er Jahren gebaute Johor-Singapur-Causeway im Norden, die für Auto- und Bahnverkehr gedacht ist, und unter dieser Brücke befindet sich die Hauptleitung für die Wasserversorgung. Für den Nahverkehr steht ein gut ausgebautes U-Bahn-Netz (MRT-Mass Rapid Transit) und das vollautomatisierte Bahnnetz LRT (Light Rapid Transit) sowie ein ausgezeichnetes Bus-System zur Verfügung. Im Osten des Landes liegt der internationale Flughafen mit 64 internationalen Fluglinien, die das Land mit über 130 Zielen weltweit verbinden. Die halbstaatliche Singapore Airlines (SIA), die zu 57 Prozent der staatlichen Singapurer Anlagengesellschaft Temasek Holdings gehört, leistet ihren Beitrag dazu. SIA meldet Jahr für Jahr einen steigenden Umsatz, eine stets wachsende Zahl an Fluggästen und eine zunehmende Frachtrate. SIA mit ihrem Erfolgskonzept, zu dem die niedrigeren Gehälter, strenge Kostendisziplin und eine ausgeprägte Absicherung gegen steigende Währungen und Ölpreise zählen, wird zu den profitabelsten Fluggesellschaften gerechnet. SIA ist gemessen an der Marktkapitalisierung die zweitgrößte Fluggesellschaft der Welt. Der Hafen Singapur gilt als einer der effizientesten, modernsten und größten und als zweitwichtigster Umschlagplatz für Container weltweit.

Die Sozialpolitik Singapurs ist zwar rigide, aber sie ist effizient und gerecht; jeder berufstätige Singapurer zahlt 25 Prozent seines Gehalts in einen Rentenfonds. Jeder kann dann das Geld für die Erziehung der Kinder und den Wohnungskauf verwenden, wodurch mehr als 80 Prozent der Familien sich die eigenen vier Wände leisten.

Ebenso ist die Arbeitsmarktpolitik effektiv und effizient, und der Staat ermöglicht es den Bürgern, sich flexibel weiterzubilden und bis ins hohe Alter Arbeit zu finden.

Die Struktur der Wirtschaft ist im Grunde nur durch die Industrie (ein Drittel, aber nur einige wenige produzierende Industriebetriebe) und Dienstleistungen (zwei Drittel) gekennzeichnet. Was die Dienstleistung anbelangt, sind zwei Branchen besonders hervorzuheben; die eine ist die Finanzdienstleistungsbrache. Diese boomt, und Singapur ist nach wie vor ein bedeutender internationaler Finanzplatz (nach Tokio und Shanghai der drittgrößte in Asien), wobei die neuen Kapitalmärkte in Bombay und Shanghai eine immer ernst zu nehmendere Konkurrenz werden. Eine Neuorientierung des Stadtstaates in dieser Hinsicht ist, dass sich das Land zunehmend zu einem internationalen Zentrum für Vermögensverwaltung entwickelt. Es ist ein hochprofitables Geschäft. Der Staat lockt reiche europäische, besonders deutsche Anleger und ebenso europäische Geldinstitutionen an, die in Singapur investieren. Denn er bietet politische Verlässlichkeit, niedrige Steuersätze und ein besonders abgesichertes Bankgeheimnis für Vermögende an. So kristallisiert sich der Staat in den vergangenen Jahren als eine Drehscheibe für die Verwaltung von Privatvermögen auch aus Europa heraus. Die andere ist die Tourismusbranche. Sie ist mit jährlich mehr als 13 Millionen Touristen im Dienstleistungssektor eine nicht zu unterschätzende Größe geworden. Darum bemüht sich die Tourismusbehörde (Singapore Tourism Board) mit dem ehrgeizigen Ziel (2015 sollen 17 Millionen Gäste bei einem Umsatz ca. 30 Milliarden Dollar kommen) um den Ausbau der Freizeitangebote (z. B. Casinos, Freizeitpark mit Riesenrad). Das

Land erhebt auch den Anspruch, Asiens führende Stadt für Messen und
Ausstellungen zu werden. Das Pro-Kopf-Einkommen (BIP) beträgt über
21 000 Euro, und die Arbeitslosigkeit liegt nur bei drei Prozent.
Das volkswirtschaftliche Ziel des Landes für die Zukunft ist es, sich als
Dienstleistungs- und Technologiezentrum Asiens zu behaupten und sich
weiter zu entwickeln. Die Regierung erkennt, dass das Land maßgeblich von der individuellen Kreativität der Mitbürger abhängig ist, wenn
sie ihr ehrgeiziges Ziel verwirklichen will. Im Hinblick darauf wurde
das Bildungs- und Ausbildungssystem durchleuchtet und einige neue
Programme zur Kreativität, zum kritischen Denken und zum Individualität gestartet (vgl. Kap.1.6.3).
Insgesamt sind ca. 600 deutsche Firmen in Singapur präsent (ca. 3500
Deutsche leben in Singapur). Seit der Öffnung des Deutschen Hauses
1995 sind Hunderte von Firmen in diesem Haus untergebracht worden,
wo ihnen beim Markteinstieg durch gezielte Informations- und Serviceleistungen geholfen wird. Das GSI (German-Singapore-Institute) leistet
dabei als Zentrum für berufliche Ausbildung die berufliche Qualifizie-
rung der singapurischen Arbeitnehmerschaft.

1.5 Singapurs Sonderweg

1.5.1 Widersprüche und Gegensätze

Nimmt man das Land jedoch genauer unter die Lupe, ist es ein Land
voller Widersprüche und Gegensätze:

  (a) Als die angenehmste und eine der schönsten Städte Asiens gilt
      Singapur, aber ein Staat mit vielen Regeln und Verboten, welche
      als Erziehungsmaßnahmen für das eigene Volk und als Verhal-
      tensorientierung für Ausländer gelten.
  (b) Die Stadt bedient sich aller raffinierten Umwelttechnologien,
      aber die Umweltbewegungen sind verboten. Singapur ist eine
      grüne Stadt. Ihre Grünfläche ist die größte unter den asiatischen
      Metropolen, da die Regierung einen großen Wert auf Lebensqua-
      lität legt und nebenbei das Pkw-Aufkommen im Lande wirksam
      kontrolliert. Zu hoher Lebensqualität zählt eben saubere Luft,
      saubere Gewässer und ein sauberes Lebensumfeld. Die massive
      Kontrolle in der Autopolitik machte den Autoherstellern sehr zu
      schaffen: Grundsätzlich werden nur solche Autos zugelassen,
      welche mit umweltschonenden Technologien ausgerüstet sind.
      Ein Auto darf nur derjenige kaufen bzw. besitzen, der eine Gara-
      ge bzw. einen Stellplatz vorweisen kann. Zudem sind hohe Steu-

ern und Importzölle zu entrichten, was die Anschaffungskosten für ein Auto in die Höhe schnellen lässt. Außerdem braucht man eine Lizenz der staatlichen Behörde (Land Transport Authority), welche mit einer Gültigkeit von zehn Jahren an das Auto gebunden ist und in einem Bieterverfahren ersteigert werden kann. Es gibt insgesamt ca. 39 000 Autos in Singapur. So gehören die Kosten für die Anschaffung und den Unterhalt eines Autos zu den höchsten weltweit.

(c) Das Land will demokratisch regiert sein, aber es gibt keine wirkliche politische Freiheit für die Opposition. Die Politik wird von einer Partei (PAP – People's Action Party) seit 1959 beherrscht, die nach dem Kaderprinzip organisiert ist und das Land wie einen Familienkonzern regiert. Die PAP verfolgte ein sozialistisches Ziel: „Wohnung, Bildung und Arbeit für alle". Sie verwirklichte es auch ganz und gar, und zwar mit kapitalistischen Methoden so erfolgreich, dass internationale Konzerne gerne in diesem Land investieren wollen. Die Politik lässt viel ökonomische Freiheit zu, aber noch zu wenig politische Mitsprachrechte. Die Politikkultur ist noch nicht ganz demokratisch: Beispielsweise wurden Oppositionswähler im Frühjahr 2006 bei der Parlamentswahl vor die Wahl gestellt, ob sie politische Freiheit oder den Verzicht auf die Vergünstigungen der Regierung haben wollen. Die Opposition hat es auch in der Tat nicht leicht, weil sie aufgrund der seit Jahrzehnten andauernden erfolgreichen Wirtschaft- und Sozialpolitik wenig inhaltlich der Regierung entgegensetzen kann. Das Recht auf freie Meinungsäußerung wird je nach Anlass neu definiert wie die bei der Tagung des IWF (des Internationalen Währungsfonds) und der Weltbank Mitte 2006, als der Stadtstaat Gastgeber war. Während der Konferenz durften die rund 500 Bürgerinitiativen nur in einer Halle demonstrieren, und jegliche andere Meinungsäußerung musste zuvor von der Polizei genehmigt werden.

(d) Als Zentrum der Kommunikations- und Informationstechnologie Asiens will das Land profilieren, aber ohne Informationsfreiheit. Das heißt: Freier Fluss der Information nach außen, aber staatlich reglementierte Medienberieselung für die eigene Bevölkerung. Mitte September 2006 hat das Land beispielsweise die Einreise der 28 Aktivisten von Nichtregierungsorganisationen und die Teilnahme an der Jahrestagung von IWF und Weltbank aufgrund von Sicherheitsbedenken verboten. Im Gegenzug bietet der Staat ein exzellent eingerichtetes Forschungszentrum für

Medien und Informationstechnologie auf 120 000 Quadratme-
tern an.
(e) Westlicher Lebensstil, aber asiatische Denkweisen und Verhaltensmuster: Die meisten Leute in Singapur orientieren sich an
dem Lebensstil des Westens, aber sie halten sich an traditionelle
asiatische Werte (wie Disziplin, Familienzusammenhalt, harte
Arbeit, Unterordnung), was auch die Regierung propagiert, nämlich an den Werten, welche der Philosoph Konfuzius gelehrt hatte (vgl. Lee 1997. S. 10 ff). Dennoch ist die Tatsache nicht zu
übersehen, dass sich die junge Generation im Wohlstand modern
orientiert. Sie hält Freiheit, kritisches Selbstbewusstsein, Kreativität, Verantwortungsbewusstsein, Informationen und einen ent-
spannten Umgang miteinander für viel wichtiger als die traditionellen Werte wie Unterordnung oder Rechtskonformität. Mit anderen Worten: Der langsame, aber fortschreitende Liberalisie-
rungsprozess ist unumkehrbar.

1.5.2 Wirtschaft im Mittelpunkt

In nur drei Jahrzehnten haben die Väter Singapurs das Land aus einem
sumpfigen Slum ohne Trinkwasserquellen und ohne Rohstoffvorkom-
men zu einer supermodernen Hightech-Metropole entwickelt. Das Erfolgskonzept Singapurs beruht auf der Marktwirtschaft, die stets unter
der staatlichen Lenkung und Kontrolle steht, und auf den kontrolliert
zugelassenen individuellen Freiheiten mit Wohlstand für alle. Nachdem
das Land die Finanzkrise in Asien 1997 einigermaßen gut überstanden
hatte, orientierte es sich neu und rüstete sich für die Zukunft: 2001 haben im Auftrag der Regierung Experten aus verschiedenen Sparten drei
Monate lang die Schwächen der jungen Nation analysiert und neue Wege vorgeschlagen. Die Regierung definierte daraufhin bestimmte Branchen als zukunftsträchtig und mobilisierte dafür die Kräfte (vgl. Kap.
1.5.3). Seit dieser Ausrichtung erneuert der Staat sich grundlegend. Er
fördert gezielt den Aufbau ausgewählter Branchen (wie umweltschonende Technologien und deren Produktion, zukunftsorientierte Forschung und Entwicklung) und die erstklassige international orientierte
Bildung und Ausbildung.
Der Staat bietet seinen Bürgern und Investoren Weltoffenheit und Sicherheit an, und er übernimmt zunehmend bewusst außenwirtschaftlich
und -politisch die regionale Verantwortung. Das Erfolgsmodell Singapurs hat einen Nachahmer gefunden; der Staat Dubai eifert Singapur
nach.

1.5.3   Wissenschaftsmachtzentrum Asiens

Singapur forciert für den Ausbau der Wissenschaften, um das Zentrum der Biotechnologie in Asien zu werden, aber ohne ausufernde   Ethikdiskussion, nur mit klaren ethischen Richtlinien. Für die Koordination dieser Arbeit ist die staatliche Behörde ASTAR (Agency for Science, Technology and Research) zuständig, und der Science and Engineering Research Council steht beratend zur Seite. Die Regierung unterstützt die Forschungskapazitäten in diesem Bereich mit 2,5 Milliarden Euro Finanzmitteln, wobei zur Verwirklichung der Vision der Stadtstaat fast eine habe Milliarde Euro jährlich allein in den biomedizinischen Teil investiert. So entstand im Norden des Stadtstaates eine gigantische Wissenschaftsstadt, wo im Jahre 2000 das Biomedizin-Mekka „Biopolis" mit seinen sieben Forschungsgebäuden eröffnet hat. Das ist mittlerweile zum Magneten für Forscher aus mehr als sechzig Nationen geworden. Denn das Zentrum bietet den Forschern und Entwicklern eine weitgehende Forschungsfreiheit unter traumhaften Arbeitsbedingungen (besonders für interdisziplinäre Arbeit). Zudem wurde es mit den besten Ausstattungen (z. B. weltweit größte Tierversuchsanlage) und mit ausreichenden Finanzmitteln ausgerüstet. In der Forschungsstätte „Biopolis" sind private bzw. staatliche Institute, Biotech-, Medizin- und Pharmaunternehmen (wie Novartis) zentriert angesiedelt. Diese Firmen beschäftigen sich mit der Grandlagenforschung und entwickeln so neue Produkte und generieren Patente. Zur Zeit arbeiten dort ca. 2000 Forscher, von denen etwa 75 Prozent aus dem Ausland stammen, und es sollen weitere 2000 hinzukommen.

Des Weiteren entsteht südlich von Biopolis seit Ende November 2006 der Wissenschaftskomplex „Fusionpolis", welcher als eine neue und die Forschungsdisziplinen überbrückende Spielwiese für Physiker, Techniker und Ingenieure dienen wird. Hier verschmelzen Biomedizin und Physik mit dem Schwerpunkt physikalische Forschung, insbesondere der Nutzung der Nanotechnik, der Bildgebung, der synthetischen Chemie sowie der Entwicklung von „Mensch-Maschinen-Netzwerken" und Sensornetzwerken. Alle diese Anstrengungen zur Forschung und Entwicklung dienen letztlich zur Verbesserung der Wettbewerbsfähigkeit Singapurs und zur Stärkung Singapurs als wirtschaftlichen Standort.

1.5.4 Die Rolle Singapurs in der ASEAN

Singapur gilt im Reigen der ASEAN-Staaten (Association of Southeast Asian Nations) als der wichtigste Stabilitätsfaktor. Das Land ist auch ein Vorbild für die Nachbarländer insofern, als sich das Land den rapide verändernden Wettbewerbsbedingungen in der asiatisch-pazifischen Region anpassen und weiterentwickeln kann. Da viele asiatische Länder nicht mehr mit dem Billiglohnstandort China konkurrieren können, haben sie alle sich neu zu orientieren. Singapur lenkt daher seit Jahren gezielt seinen Kurs auf den Ausbau als internationaler Standort und Knotenpunkt für die Spitzentechnologie (wie Biotechnologie, Informations- und Kommunikationstechnik) und für Finanzdienstleistungen (als Bank- und Handelszentrum der asiatischen Währungen). Zudem versucht das Land, die sprunghaft wachsenden Märkte in China, Indochina und Indien strategisch zu erschließen; denn diese Region rückt für das Land sowohl als Rohstofflieferant als auch als Absatzmarkt in den Mittelpunkt. Hierfür investiert Singapur verstärkt in die Forschung und Entwicklung, und zwar verdoppelte der Staat im Rahmen des nationalen Technologieplans die Ausgaben für Forschung und Entwicklung. Der Staat stärkt die Kreditinstitute mit ihren Finanzdienstleistungen, indem er die notwendige Eigenkapitalquote auf über 12 Prozent festgelegt hat. Es ist eine Schutzmaßnahme, damit die Banken nicht leicht in Schwierigkeiten geraten wie andere Kreditinstitute (wie beispielsweise die japanischen) in der Region Asien. Diese Verstärkungsmaßnahmen sind verständlich, wenn man bedenkt, dass zwischen Singapur und Hongkong ein intensiver Wettbewerb im Finanz- und im Luftverkehrsbereich tobt.

1.5.5 Singapur als Erfolgsmodell für Entwicklungsländer

Singapur bietet sein Erfolgsrezept anderen Ländern an. Seit 1992 gibt es das Singapur-Kooperations-Programm, welches ein Fortbildungsprogramm darstellt, in dem von Englischkursen bis zur Unternehmensführung alles angeboten wird. Jährlich kommen so zu Studienzwecken rund 2000 Vertreter aus mehr als 60 Entwicklungsländern Asiens, Afrikas, Lateinamerikas und der Karibikregion in den Stadtstaat. Die Hafenbehörde von Singapur erteilt auch weltweit Nachhilfeunterricht, wie das Hafenmanagement erfolgreich organisiert und eingesetzt werden sollte.
Zudem haben Singapur und die Weltbank seit 1996 ein gemeinsames Fortbildungsprogramm eingerichtet. Darin geht es unter anderem um Banken- und Finanzgeschäfte, Informationstechnologie, Umweltschutz, innerbetriebliche Fortbildung und Armutsbekämpfung.

1.6 Besonderheiten von Singapur

1.6.1 Der beste Firmenstandort der Welt

Die Weltbank kürte Singapur Anfang September 2006 zum besten Firmenstandort, da es sich als das unternehmerfreundlichste Land der Welt präsentiert, indem es sehr gezielt wirtschaftsfreundliche Reformen fördert. Das Land bietet einem Investor bzw. Unternehmer eine geringe Regulierungsdichte, eine unbürokratische Verwaltung, einen starken Schutz der Eigentumsrechte und einen guten Zugang zu Krediten an. Davon profitieren die Wirtschaft des Landes und ausländische Investoren und ebenso letztlich auch die Bürger. Dies gab die Weltbank in ihrem jährlichen Bericht „Doing Business" bekannt, in dem sie die Regulierungspraxis von 177 Staaten untersucht hat.

Singapur ist auch der kostengünstigste Geschäftsstandort unter neun wichtigen Industrieländern. Zu diesem Schluss kommt die neue Ausgabe der alle zwei Jahre durchgeführten KPMG-Standortstudie „Competitive Alternatives". So sind in dem asiatischen Land die Kosten für die Gründung und Unterhaltung eines Unternehmens um über 20 Prozent günstiger als in den USA, die in der Untersuchung zum Maßstab genommen werden. Die Studie „Competitive Alternatives" erfasst 27 zentrale Kostenfaktoren, die für die Geschäftätigkeit in den Industrieländern anfallen, darunter Arbeitskräfte, Zusatzleistungen, Geschäftsstrukturen, Steuern und Versorgungseinrichtungen.

Der Stadtstaat gilt auch als Investitionsstandort für die Finanzbranche als attraktiv, wobei das Land bereits führendes Zentrum für Anlagenmanagement in der Region Asien-Pazifik ist. Angefangen hat das Land mit dem Geschäft vor 25 Jahren, indem es eigene Staatsreserven durch die zu 100 Prozent staatliche Anlagengesellschaft verwalten ließ. Government of Singapore Investment Corporation Pte Ltd (GIC) ist die Anlagegesellschaft für die Staatsreserven, welche die 7. größten Staatsreserven der Welt verwaltet. Das Ziel der GIC ist es, langfristig gute Erträge für Singapurs Reserven zu erlangen, und sie erwirtschaftet seit der Gründung 9,5 Prozent Rendite im Durchschnitt. Die GIC existiert neben der Zentralbank, Monetary Authority of Singapore (MAS), die sich ausschließlich auf Zentralbankfunktionen konzentriert. Die Erfolge der GIC, welche sich auf größere Flexibilität und Kontrolle über die nationalen Reserven einerseits und auf notwendiges Fachwissen anderseits gründen, stärken die Fondsindustrie am Finanzplatz Singapur. Die Arbeit der GIC ist bereits Vorbild geworden, weshalb China, Indonesien und Südkorea derzeit an einem vergleichbaren Ansatz arbeiten. In Sin-

gapur arbeiten insgesamt 384 Anlagengesellschaften, wovon 2005 allein 80 neu gegründet wurden. Diese Firmen heißen Investoren aus aller
Welt, besonders aus Deutschland, willkommen. Sie arbeiten nach den
Grundsätzen des „Private Wealth Management" und bieten die Vorteile
der politischen Verlässlichkeit, der gesetzgeberischen Rahmenbedingungen, der niedrigeren Steuersätze und des Bankgeheimnisses nach
dem Motto „so sicher wie Fort Knox".

1.6.2   Effiziente Verwaltung und Freihandelszone

Der Stadtstaat verfügt über eine weit über Südostasien hinaus bekannte
effiziente, effektive und (fast) korruptionsfreie Verwaltung. Hier werden Entscheidungen auf kurzem Wege zügig getroffen, und sie werden
dann schnell umgesetzt. Zudem verfügt der Staat über eine ausgezeichnete Infrastruktur, was als eine herausragende Voraussetzung für die
Auslandsinvestoren in der ASEAN-Region betrachtet wird.
Hierzu verwirklichte das Land als erstes Mitglied der ASEAN-Staaten
die Idee der Freihandelszone und eröffnete mit vereinbarten Zollsen-
kungen für Einfuhren aus den Mitgliedsstaaten neue außenwirtschaftliche Möglichkeiten. Das Land ist somit der Vorreiter in Sachen „FTA"
(Freihandelsabkommen), wobei bereits einige bilaterale Abkommen in
Kraft sind: das mit den USA 2003, das Abkommen mit der Europäischen Freihandelsvereinigung (Island, Liechtenstein, Norwegen,
Schweiz), ein 2005 abgeschlossener Vertrag mit den „Pacific Three"
(Neuseeland, Chile, Singapur) und das mit Japan. Derzeit werden 14
weitere verhandelt, und das Land ist weiterhin bestrebt, als Mittler in
der Region tätig zu sein (z. B. für die Öffnung Ostasiens nach Südasien,
für die arabischen Länder zu Südasien). Zusätzlich wurde im August
2006 zwischen den USA und den ASEAN-Staaten (Singapur ist Mitglied) ein Wirtschaftsabkommen geschlossen, wobei es bereits seit Jahren eine enge Zusammenarbeit zwischen China und den ASEAN-
Staaten gibt.
Singapur hat auch einen sehr guten Ruf in den arabischen Ländern, was
auch das bilaterale Abkommen für eine strategisch enge Zusammenarbeit zwischen Qatar und Singapur im Oktober 2006 bezeugt. Ein kleiner
Staat demonstrierte abermals beeindruckend, wie ein Land aus der Not
ohne Bodenschätze oder Agrarwirtschaft mit einer geschickten Han-
delspolitik seine Überlebensfähigkeit steigern und Erfolg erzielen kann.
Dieser Weg Singapurs ist bereits als Erfolgsmodell von den Regie-
rungschefs in Indonesien, Malaysia und Thailand kopiert worden.

1.6.3 Förderung der Bildung und Ausbildung

Der Bildung und Ausbildung wird in Singapur ein hoher Stellewert wie in Japan, in Korea und in China beigemessen, da das Land sehr klein und ohne Bodenschätze ist und nur seine Bewohner als „Startkapital" hat. Nach der Lehre des Konfuzius ist Bildung als ein Ideal des Menschseins zu verstehen, und Wissen bedeutet schlicht Macht. Auf Bildung und Ausbildung setzt die Regierung, um das Land voranzubringen. In allen Schulen Singapurs, unabhängig von der Zugehörigkeit zu einer ethnischen Gruppe, werden alle Fächer auf Englisch unterrichtet, ausgenommen sind lediglich der Ethik- und Sprachunterricht, der in der jeweiligen Muttersprache gehalten wird. Ein wichtiges Ziel der schulischen Erziehung ist das Verständnis für die Kultur der anderen; das heißt, dass die Regierung die Identität aller drei Volksgruppen garantiert. So werden ein chinesischer Löwentanz und die malaiische Folklore gleichermaßen geschätzt, wobei der Staat insbesondere die asiatische Kultur fördert, um der Verwestlichung Einhalt zu gebieten. Die Schulen sind perfekt organisiert, und sie sind absolut leistungsorientiert, da das spätere Gehalt und die berufliche Karriere vom Notendurchschnitt abhängen. Es gibt nach wie vor die Prügelstrafe. Die Eltern haben eine gewisse Summe pro Monat für den Nachhilfelehrer zu zahlen, wenn ihr Sprössling die Mindestnote in einem Fach nicht erzielt hat. In den Schulen stehen selbstverständlich die neueste Technik und bestens ausgebildete Lehrkräfte zur Verfügung. In den drei Universitäten werden zusätzlich international renommierte Lehrkräfte und Fachkräfte für die Forschung und Entwicklung angestellt.
In Singapur zählen hauptsächlich die Chancengleichheit und die Leistung, nicht wie in den anderen asiatischen Nachbarländern, wo Beziehungen, Herkunft oder Schmiergeld den Alltag dominieren. Tugenden wie Ehrgeiz, Streben, Fleiß und Disziplin und die Leistung werden in allen Schulzweigen gefördert und ebenso der Konkurrenzkampf. Und als Lohn werden gute Noten, berufliche Chancen, Karriere und ein gutes Einkommen garantiert. Durch die Ausrichtung auf exakt messbare schulische Leistungen werden die Unterschiede zwischen den Volksgruppen und gesellschaftliche Schichtzugehörigkeiten relativiert.
Derzeit versucht das Land, sich mit einer beispiellosen Bildungsoffensive als kreatives, zukunftsorientiertes, multikulturelles und internationales Bildungszentrum in Südostasien zu profilieren. Dafür lässt der Staat eine Wissenschaftsstadt mit enormen Finanzmitteln aufbauen, in der 14 Hochschulen einziehen werden. In ihnen sollen ab 2009 ausländische Studenten aus anderen ASEAN-Mitgliedsstaaten (wie Vietnam,

Thailand, Indonesien), aber auch aus China zum Studium verweilen. Die Besten von ihnen sollen dann nach dem Studium in Singapur bleiben und arbeiten.

Der Staat gibt keine Garantie für die akademische Freiheit, da beispielsweise eine Ansammlung von mindestens fünf Personen als genehmigungspflichtige Demonstration gilt. Die volle Mitbestimmung wird den Bürgern verwehrt. Das ist auch ein Grund, dass sich ausländische renommierte Hochschulen vor dem Engagement in Singapur zurückhalten wie die britische Warwick University. Derzeit hört man Klagen beispielsweise über weiterhin zu wenig wissenschaftliches Personal, das aus der eigenen Bevölkerung rekrutiert werden kann, welche den Personalbedarf der Forschungsstätte Biopolis abdecken könnte.

Dennoch hofft der Staat mit verstärkten Investitionen in den Bildungsbereich und in die Forschung und Entwicklung, eine neue Generation von Unternehmern hervorzubringen. Die neuen Unternehmensgründer sollen zum einen die Lücke schließen, die aufgrund der Überalterung der zweiten Unternehmergeneration seit der Gründung Singapurs entstehen wird. Zum anderen soll das neue Unternehmertum risikofreudig, international aktiv und expansionsorientiert sein und so beispielsweise die Ausdehnung der eigenen Produktion im Ausland erzielen und im internationalen Wettbewerb bestehen. Interessanterweise leidet Singapur an einer Knappheit gut ausgebildeter, herausragender Manager, weil sie vom heimischen Markt fast komplett absorbiert werden. Ein gravierendes Problem für die Volkswirtschaft ist, dass es in Singapur an mutigen, motivierten, international orientierten Jungunternehmern mangelt. Diese Leute sollen der Wirtschaft Singapurs im internationalen Wettbewerb künftig als Stütze dienen und zugleich mit ihren wirtschaftlichen Aktivitäten sich auf dem internationalen Markt behaupten.

1.6.4 Gleichberechtigte Förderung der Frauen

Die Stellung der Frauen sowohl im öffentlichen als auch im beruflichen Leben ist weiter entwickelt als in anderen Nachbarländern in Südostasien; die Frauen sind in jeder Hinsicht gleichberechtigt (vgl. Kap. 4.1), und sie werden ebenso für höhere Managementaufgaben berufen wie die Chefin von Singapore Telecommunications Ltd., Chu Sock Koong, die seit April an die Spitze dieses Unternehmens gerückt ist.

1.6.5 Internetanschluss mit staatlicher Förderung

Seit 1997 ist der Stadtstaat komplett mit Glasfiber-Leitungen verkabelt, so dass die Einwohner über das Internet beispielsweise ihre Rechnungen bezahlen, internationale Devisengeschäfte tätigen, und die Behördengänge erledigen können. Der letztere Aspekt reicht beispielsweise von der Steuererklärung über den Antrag einer Hundemarke bis zur Verlängerung der Aufenthaltserlaubnis. Etwa 60 Prozent aller singapurischen Haushalte nutzen den Internetanschluss, wobei in Asien nur Südkorea mit mehr als 80 Prozent Internetanschlüsse Singapur übertrifft.

Der Staat will sein Land und seine Bürger so in das Informationszeitalter begleiten, wobei er die Kontrolle über das Internet weiter stärken will, damit keine unerwünschten politischen oder terroristischen Einflüsse auf die Bürger einwirken können. Das Land verbietet nach wie vor Satellitenschüsseln und führt eine Pressezensur (die sich auch auf Filme erstreckt) durch. Ein ehrgeiziges Ziel mit dem Slogan Wireless@SG hat das Land auch in diesem Zusammenhang erreicht, nämlich die Vernetzung und die kostenfreie Nutzung des „wireless Net" seit diesem Jahr.

1.6.6 Kulturzentrum Asiens

Zum Wechsel seines Images als Bußgeldstadt (vgl. Kap. 2.2.1) bzw. als seelenloses „Legoland" möchte der Staatstadt sich als Kulturzentrum in Südostasien etablieren. Im Bildungswesen wird mehr Kreativität gefördert, und neue Kultureinrichtungen werden erlaubt (wie Kleinkunstbühnen, Musikkneipen, Galerien). Ein Theater- und Konzertzentrum „Esplanade" wurde mit 350 Millionen Baukosten auf der Marina Bay gebaut, wobei es aufgrund seines ungewöhnlichen Aussehens vom Volksmund liebevoll als Durian (Stinkobst) bezeichnet wird. Es ist auch ein neues Wahrzeichen der Stadt.

Mit dieser kulturellen Offensive verbindet der Staat noch ein weiteres Ziel, nämlich die Förderung des Tourismus. Zu diesem Zweck investiert der Staat eine Milliarde Euro und die Investoren weitere 2,3 Milliarden unter anderem zum Bau von Casinos und Luxuswohnungen. Wie wichtig die Tourismusbrache für den Handel und für die Wirtschaft Singapurs ist, ist beispielsweise an den aufwendigen und luxuriösen Weihnachtsdekorationen an den Geschäften zu sehen. Trotz der sommerlichen Temperaturen sind sie bereits ab Mitte November zu sehen.

Denn die Weihnachtsdekoration ist für jedes Geschäft ein Muss und wird wie eine nationale Angelegenheit betrachtet, um mehr Touristen ins Land zu locken. Als spezielle Produkte der verarbeitenden Industrie sind Edelsteine und Krokodillederwaren zugelassen, wobei die Krokodilfarm wiederum als Touristenattraktion hoch angepriesen wird.

1.6.7 Umweltfreundliche Verkehrspolitik

In Singapur sind derzeit 37 000 Autos zugelassen, die die neuesten strengen singapurischen Umweltnormen erfüllen. Ein Ziel des Stadtstaates ist es, künftig nur noch Elektroautos zu erlauben. In Singapur herrscht der Linksverkehr. Bei jeder Autofahrt ist eine Innenstadt-Maut fällig, die die Lichtschranken in der „restricted zone" über eine Kreditkarte in der Windschutzscheibe abbuchen. Insgesamt haben die Autofahrer in Singapur eine ziemlich hohe Belastung in Form von Steuern, Abgaben und Einschränkungen aller Art zu tragen. Für eine kurze Fahrt sind der Bus oder die U-Bahn geeigneter und wesentlich billiger als eine Autofahrt, was auch im Sinne des Umweltschutzes ist.
Bei der Nutzung von Nahverkehrsmitteln gilt Folgendes: Der Busverkehr hat keinen festen Fahrplan, aber dafür fahren die Busse ca. alle 10 Minuten und halten an den nicht weit voneinander entfernten Haltestellen nach Bedarf. Will man mit dem Bus fahren, gibt man dem Busfahrer ein Signal (eine Handbewegung) von der Straße aus. Die Handbewegung sollte dabei nach unten gerichtet sein. Die Höhe des Fahrpreises unterscheidet sich geringfügig darin, ob der Bus klimatisiert ist oder nicht. Bei der Barzahlung sollte das Fahrgeld exakt passend abgezählt sein; es gibt kein Wechselgeld. Besser ist es für die Bezahlung eine EC-Link-Karte zu besorgen. Taxis sind äußerst günstig, aber es gibt hin und wieder Engpässe bei Regen, am Samstag oder am Feierabend.

2　Kommunikation und Verhaltensregeln

2.1　Kommunikation

In der Regel benutzt man in Singapur wie in anderen asiatischen Ländern sehr oft Höflichkeitsfloskeln. Beispielsweise sollte bei einer Frage nach dem Befinden des Geschäfts vorsichtig und mit einer knappen formalen Antwort reagiert werden. Das Bemühen um eine Aufklärung mit vielen Worten hat zunächst keinen Sinn; ein solches Statement ist nur dann sinnvoll, wenn der Gesprächspartner wirklich ein Interesse daran bekundet. Lauten die Fragen nach dem persönlichen Wohlbefinden oder nach dem eingenommenen Mahl, sollte mit einer höflichen humorvollen Antwort reagiert werden. Die letzte Frage, ob man schon gegessen hat, sollte keinesfalls als eine Einladung zum Essen verstanden werden; es ist eine überlieferte Tradition, so zu fragen, es hat sonst gar keine weitere Bedeutung. Auf diese Frage wird schlicht mit „ja, danke" geantwortet.

Beim Smalltalk werden gerne von Ausländern die innenpolitischen Maßnahmen Singapurs angesprochen wie die Todesstrafe für den Drogenhandel oder die Einschränkung der bürgerlichen Freiheiten. Darüber ist lange zu diskutieren; Tatsache ist, dass die Mehrheit der Bürger von Singapur damit einverstanden und zufrieden ist, weil sie meinen, dass es ohne eine solche rigide Politik keinen sozialen Frieden und keine Sicherheit zu geben scheint und auch kein Wohlstand möglich ist. In der Tat wachsen die Kinder in Singapur beispielsweise ohne Drogen- oder Gewaltprobleme auf, und alle Bürger profitieren vom Wohlstand gleichermaßen und auch von der niedrigen Kriminalität. Ebenso zurückhaltend wird über den Verdacht des Nepotismus gesprochen, da die staatlichen Unternehmen weitgehend von den Familienmitgliedern Lee, dem Gründungsvater des Landes, geführt werden (vgl. Kap. 3.1.4). Aber die Bürger von Singapur sind von den erzielten wirtschaftlichen Erfolgen dieser Unternehmen überzeugt, und sie billigen und erkennen so die Arbeit dieser Leute an. Aufgrund dieser Tatsache ist die Kritik im Lande verstummt, weil letztlich diese Personen aufgrund ihrer Qualifikationen, Fähigkeiten und Erfahrungen nominiert bzw. eingesetzt wurden.

In Singapur spricht man in der Regel aufgrund der historischen Entwicklung britisches Englisch, wobei im Laufe der Jahre auch sich das so genannte „Singlish" entwickelt hat. Diese Mischsprache ist für Fremde nicht immer leicht zu verstehen, weil zum einen die Aussprache problematisch ist (z. B. „Will you please lend me your pants?". Gemeint ist „pen" (Füller). Zum anderen ist das Problem in der Satzstellung und Grammatik zu suchen (z. B. „You wan' beer or not? No lah drink five botol oreddi." Es heißt richtig: „Do you want a beer? No, thanks, I've already drunk five bottles."). Falls man etwas nicht verstanden hat, ist es keine Schande, nochmals zu fragen, bevor man aufgrund des Missverständnisses jemanden brüskiert.

2.2 Verhaltensregeln

Die Singapurer sind freundlich, weltoffen und gastfreundlich. Es gibt grundsätzliche Regeln, die nicht vom Staat festgelegt sind, aber traditionell und kulturell geprägt sind, und die Menschen halten sich weitgehend daran. Das sind:
   (a) die Achtung und die Respekt vor den Älteren,
   (b) die gegenseitige Rücksichtnahme und das Gesichtswahren,
   (c) die Toleranz gegenüber der anderen Religion, Kultur, Tradition und ethnischen Zugehörigkeiten,
   (d) das Erhalten gemeinsamer Errungenschaften und
   (e) das Teilen des Wohlstandes.
Im Geschäftsleben orientieren sie ihr Verhalten an westlichen und internationalen Maßstäben, aber in manchen Punkten halten sie sich doch an ihre überlieferten traditionellen Werte und Verhaltensstandards.
Bei den Indern sind Bücher heilig, und ein unachtsamer oder vernachlässigender Umgang mit Büchern sollte vermieden werden. Die Inder legen Wert auf dezente Kleidung, also keine zu sehr freizügige Aufmachung. Ebenso schätzen die Inder eine zurückhaltende Körperhaltung beispielsweise bei der Begegnung. Ein leichtes Lächeln mit dem leichten Kopfnicken wird von Frauen gern praktiziert, während bei den Männern das Händeschütteln üblich ist. Da die Inder wie die Malaien körperliche Kontakte zwischen Geschlechtern und auch zum gleichen meiden, halten sie einen halben Meter langen Abstand voneinander bei der Begegnung. Die rechte Hand ist für das öffentliche Leben wichtig (zum Übergeben bzw. zum Zeigen eines Gegenstandes oder zur Begrüßung), und der Kopf ist ein heiliger Teil des Körpers und ist unberührbar. Unter den Indern wird oft die indische „Standardzeit" (Verspätung von mehr als einer Stunde) toleriert, aber nicht bei geschäftlichen Ter-

minen und Einladungen zum Essen; man sollte auf Pünktlichkeit achten. Das Senioritätsprinzip gilt auch bei den Indern, und daher sollte
man stets die nötige Achtung den Älteren erweisen. Es ist auch eine
Sitte, nur nach Aufforderung Platz zu nehmen und sich auf den zuge-
wiesenen Platz zu setzen. Hierbei sollte man wie bei den Malaien auf
die Beinhaltung achten, besonders wenn ältere bzw. ranghöhere Personen anwesend sind (vgl. Kap. 2.2.2 in Malaysia).

2.2.1 Verbote

Das Motto des Stadtstaates lautet „clean and green". Nach der Meinung
des Stadtstaates sind die unzähligen Regeln und Verbote deshalb notwendig, weil die Chinesen aufgrund des konfuzianischen Einflusses ein
unterentwickeltes Bewusstsein hinsichtlich der Verpflichtung bzw.
Verantwortung für die Gesellschaft haben. Im Gegensatz dazu zeigen
sie grenzlose Loyalität und ein ausgeprägtes Pflichtgefühl gegenüber
der eigenen Familie bzw. dem Clan. Diese Haltung der Chinesen ist
sowohl in Hongkong als auch in Festlandchina genauso gut zu beobachten. Der Stadtstaat meint, dass die Chinesen nur dann erziehbar sind,
wenn die Strafe ihrem Geldbeutel direkt betrifft. Bekanntlich sind Geld
und Essen zwei wichtige Dinge für das Leben von Chinesen.
Generell stimmen die Bürger Singapurs harten drakonischen Strafmaßnahmen bei schweren Verstößen gegen die öffentliche Ordnung zu. Sie
begrüßen es deshalb, weil sie der Meinung sind, nur auf diese Weise ihr
wohlgeordnetes Lebensumfeld sichern zu können und damit die Menschen auf engstem Raum einigermaßen reibungslos miteinander auskommen können. Es gibt die Todesstrafe, welche durchschnittlich alle
zehn Tage vollstreckt wird, und die Prügelstrafen, welche pro Woche
60-mal verhängt werden. Eine Besonderheit in diesem Zusammenhang
ist es, dass die Wehrdienstverweigerung mit einem Verbot versehen ist.
Außerdem betreibt die Regierung eine Politik gegen alles, was für die
Gesundheit der Bevölkerung schädlich ist: Beispielsweise wird der
Preis von Alkohol, von Tabak und von Autos bewusst mehrfach teuerer
als im Westen angesetzt.
Fast alle Strafen sind Geldbußen (Singapur-Dollar: S$), die an Ort und
Stelle beglichen werden müssen. Von diesen Strafmaßnahmen ist nie-
mand ausgenommen, und nicht einmal die ausländischen Touristen und
Geschäftsleute; die zuständigen Behörden fahnden nach jeder Regel-
widrigkeit, wann und wo und von wem auch immer. Falls ein ausländi-
scher Manager sich dagegen wehrt oder sich kritisch über solche rigiden
Verbote und Regeln äußert, hört man eine knappe Antwort: „Wenn ei-

nem es nicht passt, soll er nach Hause gehen". Im Klartext heißt das, man hat sich den Rahmenbedingungen des Gastlandes anzupassen und sich danach zu orientieren.

Die Regeln und Verbote werden sowohl durch die unzählig installierten Überwachungskameras an den öffentlichen Plätzen als auch durch viele Inspektionsteams überwacht. Die letzteren dürfen auch Privatwohnungen unter die Lupe nehmen, wenn sie beispielsweise eine „gefährliche" Wasserlache zu kontrollieren haben. Hier einige Beispiele zu den Regeln und Verboten.

(a) Das Rauchen ist nur dort erlaubt, wo ein Aschenbecher zu finden ist wie auf der Straße an einem Mülleimer mit einem integrierten Aschenbecher. Ansonsten gilt das Rauchverbot überall; der Regelverstoß kostet zwischen 500 bis 1000 S\$ (d. h. 250 bis 500 Euro – das Rauchen in einem klimatisierten Raum wie in der U-Bahn kostet am meisten). Bei der Einreise ins Land sind nur 19 einzelne Zigaretten als Mitbringsel erlaubt.

(b) Das Kaugummikauen ist erlaubt, aber nicht ein achtloses Wegwerfen: Es kostet 500 Singapur-Dollar. Es ist deshalb eine Straftat, wenn man bedenkt, dass beispielsweise der Boden der U-Bahn-Stationen sogar mit Marmorstein belegt ist, und dessen Reinigung und Sauberhalten verursacht ziemlich viel Kosten. Übringens ist Kaugummi nur in Apotheken erhältlich, und zwar gegen Unterschrift und Hinterlegung der Ausweisnummer.

(c) Weder Trinken noch Essen in der U-Bahn sind erlaubt, und die regelwidrige Handlung kostet eine Geldstrafe von 500 S\$.

(d) No Durians (Stinkobst): Die Mitnahme von Durian ist weder in öffentlichen Verkehrsmitteln noch im Hotelzimmer gestattet. Der abreisende Urlauber wird sogar zur Kasse gebeten, falls nach der Abreise im Zimmer eine eindeutige Spur von Durian entdeckt wird, weil das Zimmer für eine Woche lang nicht vermietbar ist.

(e) Das Spucken kostet je nach Ort bis zu 1000 S\$.

(f) Das Wegwerfen von Müll bzw. Abfall (wie Zigarettenkippen, Bonbonpapier) auf der Straße, oder das Urinieren in Aufzügen kosten 500 S\$ Dollar.

(g) Unerlaubtes Überqueren der Straße kostet auch viel Geld.

(h) Wer in den öffentlichen Toiletten nicht spült, zahlt eine 500 S\$ (beim ersten Mal, beim zweiten Mal dann 1000 S\$) teuere Strafe. Übrigens werden Singapurs Toilettenwarte sogar in einem Weiterbildungsseminar geschult, um so mehr Sauberkeit auf öffentlichen Toiletten erzielen zu können.

(i) Die Autotankkontrolle: Auf der Straßenbrücke nach Malaysia wird jedes Auto kontrolliert, und zwar vor der Überquerung, ob es mindestens zu zwei Dritteln gefüllt ist. Diese Maßnahme dient zum Schutz des eigenen Tankstellengewerbes vor dem Billigtanken im Nachbarland. Dieser Regelverstoß kostet den Autofahrer 500 S$.

(j) Die Prügelstrafe: Diese ist besonders für ein Vergehen vorgesehen, bei dem fremdes Vermögen schwer beschädigt wird. Beispielsweise wurde 2006 ein einheimischer Jugendlicher zu einer Strafe mit Dutzenden von Peitschenhieben und drei Jahren Gefängnis verurteilt. Er war bereits drei Mal wegen verschiedener Straftaten in der Vergangenheit verurteilt worden, und dennoch wollte er sein Fehlverhalten nicht korrigieren. Daher diese höchste Strafe, die bis jetzt für einen Jugendlichen verhängt wurde. Ebenso musste vor Jahren ein amerikanischer 18-jähriger Jugendlicher 4 Peitschenhiebe hinnehmen, weil er aus Langeweile mehrere Fahrzeuge mit Graffiti besprüht hatte. Diese Strafe wird oft auch für einen sinnlosen Vandalismus verhängt.

(k) Keine Wasserlache im Hause bzw. im Garten. Die Begründung lautet, darin könnten Moskitos ihre Eier ablegen, denn die Mücken übertragen schwere Krankheiten wie Malaria. Die Strafe für dieses regelwidrige Verhalten beträgt 200 S$.

(l) Auf Junk-E-Mails steht eine Strafe von 1000 S$ plus drei Jahre Gefängnis.

(m) Aber als die schlimmste Strafe empfinden die Singapurer einen Gesichtsverlust in der Öffentlichkeit. In diesem Fall hat man einen orangefarbenen Kittel mit der Aufschrift „Order for corrective work" anzuziehen und zwei Stunden lang vor seinem Haus bzw. Apartment die Straße zu kehren. Diese Strafe bedeutet den Gesichtsverlust in besonderer Weise, da es medienwirksam ist und einem breiten Publikum sichtbar ist.

(n) Der Drogenhandel bzw. -schmuggel sowie der Rauschgiftbesitz: Auch in geringer Menge wird dieses Vergehen mit der Todesstrafe geahndet; auch wird diese Strafe gegen ausländische Bürger vollstreckt wie bei einem australischen Staatsbürger im Herbst 2005.

2.3 Geschenke

Gastgeschenke sind ein kleines Ventil im Geschäfts- und Privatleben, wobei die Inder in dieser Hinsicht etwas zurückhaltender sind, da sie untereinander selten ein solches Geschenk machen; sie mögen eher ein Dankschreiben nach dem Besuch. Grundsätzlich sollte ein Geschenk schön verpackt sein, nur nicht in den Farben weiß, schwarz oder blau, weil alle drei ethnische Gruppen diese als Trauerfarben meiden; am geeignetsten bzw. neutralsten sind die bunten oder fröhlichen Farben (wie rot, gelb, grün). Ebenso wird bei allen drei ethnischen Gruppen das Geschenk nicht im Beisein des Schenkenden ausgepackt. Obwohl Genussmittel allgemein als geschäftlicher Geschenkartikel sehr gern verwendet werden, sollte man sich diesbezüglich vorher genau erkundigen, damit kein Tabu oder ungeschriebenes Gesetz verletzt wird: z. B. dürfen Sikhs nie Zigaretten oder die dazu gehörenden Utensilien geschenkt werden, und Alkohol ist als Geschenk nur bedingt möglich. Das Geldgeschenk ist auch im Geschäftsleben üblich, wenn beispielsweise ein Mitarbeiter heiratet, oder ein Mitarbeiter einen Trauerfall in der Familie hat, oder der Geschäftspartner einen runden Geburtstag feiert; dabei sollte man auf die Summe achten, da bei Indern die ungerade Zahl glückverheißend ist, was bei den Chinesen die geraden Zahlen sind.

Vor Ort ein Geschenk zu besorgen ist in Singapur kein Problem, da die meisten Geschäfte bis 23 Uhr offen sind. Beim Einkaufen ist das Feilschen ein Muss: Es ist ein Spiel zwischen dem Verkäufer, der eine lebenslange Garantie bietet, und dem Käufer, der so billig wie möglich einkaufen will. Was für eine Ware es auch immer ist, es wird grundsätzlich gefeilscht, und das ist unabhängig davon, ob man ein Millionär oder ein einfacher Angestellter ist. Denn das Einkaufserlebnis ist in Singapur als eine Form der Lebensqualität hochstilisiert worden.

Bei Geschenkartikeln sollte man auf die Marken achten, da die Singapurer markenbewusste Einkäufer und Kunden sind. Daher beachtet man, was für eine Markenware als Geschenk ausgewählt und wo (in welchem Laden) es bezogen wird.

Zum chinesischen Neujahr werden Orangenbäume und Glücksgeld gern verschenkt. Die Chinesen schätzen einen spitzigen Gegenstand wie ein Messer oder eine Schere nicht als Geschenkartikel, weil es ihrer Auffassung nach die Freundschaft zerschneidet ebenso auch ein spitziges Gebäude nicht: In Singapur steht ein Gebäude in Form eines Diamanten mit vier sehr spitzen Ecken. In dieses Gebäude zieht kein chinesischer Unternehmer freiwillig ein. Sie glauben, dass das Geld sich nicht in diesem Gebäude ansammeln lässt, sondern es eher durch die spitzigen Ecken hinausgeht, und es bringt auch kein Glück. Die Chinesen überprüfen automatisch in allen möglichen Angelegenheiten, ob die Sache in Bezug auf das Geld bzw. das Geldverdienen günstig bzw. ungünstig steht.

Ein Geschenk ist bei Privatbesuchen ein Muss, und als Geschenke sind lokale Erzeugnisse (wie Obst oder Süßigkeiten) oder ein Mitbringsel aus Europa wie ein praktischer Haushaltsartikel geeignet, aber nur kein Messer, da alle drei ethnische Gruppen es als eine Waffe betrachten, obwohl beispielsweise das Messer der deutschen Marke „Zwilling" sehr gern als Geschenk in anderen asiatischen Ländern angenommen wird. Für die Chinesen kommt zudem kein Schirm und keine Schere als Geschenkartikel in Frage, weil diese Gegenstände als Unglücksboten interpretiert werden.

Die Beamten bzw. Staatsbediensten dürfen keine Geschenke annehmen; wegen der Korruptionsgefahr wird ein solches Gebaren sehr streng kontrolliert, und gegen das Fehlverhalten in dieser Hinsicht wird hart durchgegriffen.

2.4 Geschäftsessen

Generell hat das Essen einen höheren Stellenwert als in Europa und „zum Essen ausgehen" bedeutet mehr als eine bloße Nahrungsaufnahme: Es ist eine Entdeckungsreise und eine Leidenschaft schlechthin. Die geographische Lage von Singapur (wie Malaysia) macht es möglich, allerlei kulinarische Feinheiten Asiens an einem Ort darzubieten. Denn jede ethnische Minderheit hat eine eigene Küche mitgebracht. In Singapur ist das Essen dementsprechend vielfältig und zudem gut und preiswert. Das Essen ist auch eines der besten Themen (nach dem Geld) für den Smalltalk. So ist es nicht verwunderlich, dass in Singapur dem Geschäftsessen eine besondere Bedeutung beigemessen wird. Es ermöglicht beispielsweise das Kennenlernen zwischen Geschäftspartnern in einer lockeren Atmosphäre oder zum Herausfinden der Problemlösungsansätze.

Bei der Einladung zum Geschäftsessen bevorzugen die Menschen in Singapur eine feste Vereinbarung von Zeit und Ort, und dies wird persönlich bzw. telefonisch übermittelt. Es gibt bei den Chinesen und Malaien eine Höflichkeitsfloskel, mit der keine echte Einladung zum Essen verbunden ist, aber die Inder mögen eine solche Höflichkeitsgeste nicht. Handelt es sich eine geschäftliche Essenseinladung, sollte sie persönlich übermittelt werden, und zwar mit eindeutiger Bekundung der Freude und der Gastfreundlichkeit.

Fungiert ein ausländischer Geschäftsmann als Gastgeber, sollte man bei der Essensauswahl die Speisevorschriften der jeweiligen Gäste im Hinblick auf die ethnische bzw. religiöse Zugehörigkeit beachten.

Die chinesische Küche in Singapur ist vor allem von den Essgewohn-heiten in Kanton, Sichuan und Teochew beeinflusst, und dementspre-chend werden Fleisch und Gemüse kurz gegart, scharf gewürzt mit Chi-li und Knoblauch und schmecken süß-sauer. Die chinesische Kochkunst ist eine Komposition der Düfte, Geschmäcke und der Farbe, und es ist auch eine der Harmonie. Die indische Küche ist zum einem von den Nordindern (Küche aus Tandoriöfen) und zum anderen von den Südin-dern (fleischlose Gerichte) beeinflusst. Für die malaiische Küche, die sehr verwandt mit der indonesischen Küche ist, sind die Kokosmilch-, Fisch- und Huhngerichte charakteristisch, wobei letztere für besondere Gäste aufgetragen werden.
Singapurs Garküchen auf der Straße werden durch Beamte des Um-weltministeriums strengstens kontrolliert, so dass weder Bakterien noch Viren einen Platz finden, und außerdem kann kein Krankheitserreger in dem chinesischen Wok bei der hohen Temperatur überleben.
Das Wasser aus dem Wasserhahn ist bedenkenlos trinkbar.

2.4.1 Etikette

Keine besondere Sitzordnung beim Geschäftsessen gibt es in Singapur, aber gewöhnlich wird der Platz am Tischende für den Ältesten bzw. den Ranghöchsten der Anwesenden reserviert. Ansonsten wird man vom Gastgeber aufgefordert, entweder nach Belieben oder auf einem be-stimmten Platz zu sitzen.
Kennzeichnendes Merkmal der chinesischen Esssitte ist der runde Ess-tisch, worauf ein Paar Essstäbchen, eine Reisschale, ein Teller für das Hauptgericht, eine Teeschale und ein Porzellanlöffel zu finden sind. Nach der Tischordnung wird der Gast ehrenvoll immer zur linken Seite des Gastgebers und am Tischende platziert, von wo aus der Eingang überblickt werden kann. Am runden Tisch darf jeder mit jedem spre-chen, und dabei wird der Blickkontakt stets aufrecht erhalten. Vor allem wird das Essen mit allen Anwesenden auf dem Tisch geteilt, in dem man den Tisch dreht, und diese Art zu essen fördert besonders die freundschaftliche Beziehung und die Harmonie.
Ein weiteres Merkmal ist die Rolle des Gastgebers: Zunächst entschul-digt er sich aus Höflichkeit für das bescheidene Mahl (obwohl das Es-sen erstklassig und dazu üppig aufgetischt ist), und dann fordert er vor dem Essen zur Begrüßung seiner Gäste zu einem Toast (Zuruf „yam sen" oder „gan bei") auf, und danach hält er eine kurze Tischrede. Wichtig ist es hierbei, mitzumachen oder kurz zu nippen, unabhängig davon, ob jeamnd gern trinkt oder gar nicht. Eine besondere Geste, wel-

che den Gast aus dem Westen einen Moment verwirrt, ist, dass der Gastgeber dem Gast ein Häppchen selber serviert; es ist als eine Auszeichnung zu verstehen, und daher ist es nicht abzulehnen. Dem Gast ist sehr zu empfehlen, es dem Gastgeber gleichzutun und ihm selbst etwas als Zeichen der Dankbarkeit und der Gastfreundschaft zu reichen.

Beim Umgang mit den Essstäbchen sollte Folgendes beachtet werden: Auf dem Teller bzw. der Reisschale quer gelegte Essstäbchen signalisieren noch vorhandenen Hunger und sind daher auch ein Zeichen für einen Nachschlag. In der Reisschale senkrecht gesteckte Essstäbchen gelten als böses Omen. Mit den Essstäbchen heftig gestikulieren oder mit ihnen auf eine Person zeigen wäre äußerst unhöflich. Die chinesische Tischsitte erlaubt, Suppen genussvoll zu schlürfen und leicht zu rülpsen. In jeder Hinsicht berücksichtigen die Chinesen das Glück, und daher werden Gäste immer nur in gerader Anzahl eingeladen. Alle wichtige Unterhaltungen bzw. vertrauliche Informationsaustausche finden während des Essens statt, und nach dem Essen verabschieden sich die Chinesen unverzüglich; es gibt keine verlängerte Plauderstunde bzw. kein gemütliches Beisammensein bei einem Drink. Ein Wort zum Tee: Als ein Getränk zu einem chinesischen Essen ist Tee üblich, welcher ohne Zutaten (Zucker, Milch, Zitrone oder Alkohol) getrunken wird. Schenkt der Gastgeber den Tee aus, sollte man zumindest ein paar Mal daran nippen oder davon trinken (besser zweimal) und den Tee loben, und zwar unabhängig davon, ob man ihn mag oder nicht. Sonst bedeutet es eine grobe Beleidigung des Gastgebers.

Nach der malaiischen Tischsitte fordert der Gastgeber seinen Gast zum Essen auf, und das ist dann quasi ein Startsignal zum Essen und Trinken. Hierzu ist es nützlich, sich über die Bedeutung und die Handhabung von Salz zu informieren; Salz ist nicht nur ein Speisegewürz, sondern es symbolisiert die Freundschaft, und es bedeutet Kraft und Weisheit. Bei manchen feierlichen Geschäftsessen kann es vorkommen, dass der malaiische Geschäftspartner mit seinem ausländischen Partner eine Freundschaft mit einer Prise Salz besiegelt. Als Besteck werden Löffel und Gabel neben der Reisschale im Restaurant gelegt, aber kein Messer, weil es bei den Malaien eher zu den Waffen gezählt wird und daher auf dem Esstisch nichts verloren hat. Es wäre entgegenkommend, einen kleinen Biss von allen dargebotenen Speisen auszuprobieren bzw. einen kleinen Schluck zu trinken. Die Malaien sagen, ein Essen bzw. Getränk ist mit dem Mund und nicht mit dem „Gesicht" abzulehnen. Muss ein Essen aus irgendeinem Grund abgelehnt werden, sollten anstandshalber die Gründe genannt werden, sei es auch eine Notlüge, die aber höflich, freundlich und bedauernd vorgebracht wird. Mit einem leisen Rülpsen nach dem Essen signalisiert man Lob für gutes Essen, aber ansonsten sind das Naseputzen, das Spucken oder lautes Rülpsen tabuisiert.

In der indischen Küche spielen Gewürze und Farben eine große Rolle, da die Inder die Gaumenfreude mit der Freude der Farben verbinden; charakteristisch für die indische Küche sind rote Chili, die gelben Kurkuma und braune Curries. Die Inder würzen bei allen Gerichten gerne sehr kräftig nach, daher ist es sinnvoll, die verschiedenen Gewürze zum Nachwürzen auf den Tisch zu stellen. Eines sollte man nicht vergessen, dass Gemüse in der indischen Küche generell durchgekocht zubereitet wird, was bei den Chinesen absolut nicht vorstellbar ist. Denn sie lieben frische, knackige, kurz zubereitete Gemüsegerichte. Die Hauptnahrung der nordindischen Küche sind Linsen und Fladenbrot aus Vollkornweizen, während die der südindischen Reis ist. Eine kulinarische Besonderheit ist, dass Joghurt bei den Indern als Speise und als Getränk sehr geschätzt wird, was nicht sehr oft in anderen asiatischen Ländern zu finden ist. Die meisten Inder verzehren Rindfleisch nicht, weil die Kuh in ihrer Kultur mütterliche Lebenskraft symbolisiert und daher als heiliges Tier betrachtet wird. Ebenso sind viele Inder Vegetarier, die zumindest am Freitag Fleischgerichte meiden. Als Besteck werden Gabel, Löffel und die rechte Hand benutzt wie bei den Malaien und Indonesiern.

In Singapur ist es auch kein Fauxpas, wenn der Chef mit seinen Mitarbeitern im gleichen Restaurant der Straßengarküche speist, weil das Essen eben ein Erlebnis und eine Freude bedeutet. Ebenso gehen auch Geschäftsleute mit ihrer Kundschaft zum schnellen Lunch zur Garküche.

Beim Bezahlen nach dem Essen spielt sich immer ein Ritual ab, bei dem jeder um die Rechnung ringt, wenn mehr als zwei Leute zusammen zum Essen gekommen sind. Es sei denn, es gibt einen eindeutigen Gastgeber, der von Vornherein die Rechnung übernehmen wird.

3   Zusammenarbeit und Verhandlungen

3.1   Die wirtschaftliche Zusammenarbeit

Viele internationale Multikonzerne lassen sich gern in Singapur nieder, da die geographische Lage von Singapur günstig ist, und das Land politische Stabilität bietet. Zudem zieht das Land die ausländischen Investoren mit seinen niedrigen Steuersätzen, mit den weltweit besten Flug- und Seehäfen, mit hervorragenden Schulen und Universitäten an. Was das Hochschulwesen anbelangt, ist noch zu sagen, dass die Begeisterung vieler junger Asiaten für die Wissenschaft auch als ein Grund bei der Standortwahl genannt wird. Das Land garantiert die Rechtssicherheit beim Patentschutz. Es wird außerdem als ein angenehmer Ort für ausländische Familien geschätzt. Dies alles beeinflusst die Investitionsentscheidungen. Beispielsweise ist das Pharmaunternehmen Novartis seit 2004 mit seinem neu gegründeten Institut zur Erforschung von Tropenkrankheiten in der Forschungsstätte „Biopolis" angesiedelt. Ölkonzerne wie Shell und Exxon Mobil erwägen auch, in Singapur weitere milliardenschwere Anlagen zu bauen. Zur Zeit sind allein mehr als 280 multinationale Konzerne in Singapur angesiedelt und profitieren vom Standort Singapur.

Generell werden in Singapur ausländische Investitionen begrüßt und insbesondere jene, die in das Konzept der langfristigen Entwicklungsstrategie von Singapurs Regierung passen. Der Staat bemüht sich daher besonders um ausländische Hightech-Unternehmen, die eine Vorreiterrolle spielen, um dem Land beim Erreichen seiner ehrgeizigen Ziele wie „iN 2015" (Intelligent Nation 2015) zu unterstützen. Nur für solche Unternehmen bietet der Staat eine länger laufende Steuerfreiheit als besonderen Anreiz. Im Allgemeinen lockt der Staat mit weiteren vielfältigen steuerlichen Begünstigungen für ausländische Investoren. Für die ausländischen Investoren ist eine Reihe von guten Rahmenbedingungen vorzufinden; es gibt keinerlei Restriktionen in Bezug auf den Auslandskapitalanteil der Investitionen und den Gewinntransfer oder die Gründung einer 100-prozentigen Tochtergesellschaft. Die Arbeitsgenehmigung für ausländische Manager zu bekommen ist auch kein Problem, wenn der nötige Nachweis vorgelegt wird, dass keine geeignete einheimische Arbeitskraft auffindbar ist. In dieser Hinsicht sind alle anderen asiatischen Regierungen wesentlich restriktiver und möchten solche Stellen mit einheimischen Fachkräften besetzen. Eine weitere uneingeschränkte Möglichkeit wird den ausländischen Investoren hinsichtlich des Erwerbs von Immobilien (ausgenommen ist nur der Wohnungsbereich) eingeräumt.

Zur Zeit besteht in folgenden Bereichen beispielsweise die Möglichkeit für eine Zusammenarbeit: Aufgrund der Erholung der Gesamtwirtschaft entwickelt sich der Stadtstaat dynamisch und damit auch der Baumarkt und der Maschinenbausektor. Seit 2006 stehen öffentliche und private Bauvorhaben in der Größenordnung zwischen 7 bis 8 Milliarden zur Vergabe. Das impliziert auch einen florierenden Markt für Baumaschinen (inklusiv für Erdbewegungsmaschinen) und für die Ausrüstungen.

Das Land plant bis 2010 umfangreiche Investitionen in die Modernisierung des kommunalen Abwassersystems. Aufgrund der Tatsache, dass das Land sein Wasser von den Nachbarländern zu beziehen hat, will es zur Sicherung der Wasserversorgung die Meerwasserentsalzung und Brauchwasseraufbereitung intensivieren. Zwar sind die ersten Anlagen in Betrieb, aber die Regierung verstärkt in diesem Bereich ihr Engagement. Das Land sucht hierfür kompetente und erfahrene Partner, Spezialisten und Anlagenbauer, die besonders biologisch abbaubare und umweltschonende Verfahren anwenden.

Mit der Ankündigung eines zehnjährigen Entwicklungsplanes für die Informations- und Kommunikationsbranche („iN 2015") will die Regierung dem Land einen Weg zu einer „Global City" ebnen. Dieser Masterplan beruht auf den Prinzipien Innovation, Integration und Internationalisierung. Nach diesem Plan sollen die Informationen und Kommunikation in der „Global City" so eng wie möglich mit der Arbeitswelt, Bildung, Freizeit und mit dem Alltagleben der Bürger verzahnt sein. Daher benötigt das Land für die Informations- und Kommunikationsindustrie eine ganze Reihe von Hard- und Softwareexperten einerseits und Spezialisten und Management-Knowhow andererseits.

Ausländischen Investoren steht die Behörde „Economic Development Board" zur Seite, die durch ihre ausgezeichneten kooperativen, effizienten Beratungen und Hilfeleistungen mit ihrem „One-Stop-Program" bei der Ansiedlung der ausländischen Firmen bekannt ist. Die Dauer der Genehmigungsverfahren variiert je nach der wirtschaftstrategischen Interessenlage der Regierung in Singapur.

Zur Orientierung für das geschäftliche Engagement der deutschen Unternehmen steht ein „Geschäftsklimaindex deutscher Unternehmer in Singapur (Singapore Index of German Regional Business Development)" von der Außenhandelskammer Singapur (AHK Singapur) seit 2006 zur Verfügung. Für dieses Projekt werden die Daten quartalsweise bei mehr als 600 Unternehmen erhoben. Übrigens stehen den Expats aus Deutschland unter anderem der Deutsche Club, der Frauen-Club, die deutschen Kirchen, die gute Deutsche Schule zur Seite und unterstützen das Einleben (vgl. Kap. Kontaktadressen).

3.1.1 Kontaktsuche und Marktstudie

Bei der Suche eines geschäftlichen Kontaktes für einen Agenten oder einen potenziellen Geschäftspartner stehen unterschiedliche Organisationen hilfreich zur Seite. An offiziellen Organisationen in Singapur ist zunächst die SICC (Singapore International Chamber of Commerce) zu nennen. Es ist die älteste Handelskammer in ganz Asien, und in ihr sind mehr als 40 Nationalitäten vertreten. Sie steht für alle Personen und Unternehmen offen. Dann ist die SCCCI (Singapore Chinese Chamber of Commerce & Industry) mit mehr als 4000 Unternehmen und Geschäftsleuten als Mitgliedern zu erwähnen, die sich besonders für KMU (Klein- und mittelständische Unternehmen) einsetzt. Beide Kammern verfügen über ausgezeichnete Public-Relations-Abteilungen und bieten umfassende Marktkenntnisse an. Ihr besonderes Interesse ist, beim Zusammenführen von ausländischen und singapurischen Unternehmen das jeweilige Vorhaben mit ihren Dienstleistungen zu unterstützen. Die IES (International Enterprise Singapore), die auf KMUs ausgerichtet ist, steht besonders zur Unterstützung im Bereich Handel und bei der Internationalisierung der singapurischen Unternehmen zur Verfügung. Die EDB (Economic Development Board), die für die Verankerung der multinationalen Unternehmen in Singapur und für die Förderung der Rahmenbedingungen zuständig ist, steht für alle Fragen im Zusammenhang mit Investitionen in Singapur bereit. Die ASME (Association of Small and Medium Enterprises) berät überwiegend Klein- und mittelständische Unternehmen und bietet das „ASME e-Biz Center" an, welches einen Online-Katalog für Produkte und KMU-Kooperationspartner darstellt (s. S. 142 Kontaktadresse).
Die Teilnahme an Messen oder Ausstellungen bietet auch viele Möglichkeiten zum Kontaktieren. Die Regierung bemüht sich zudem besonders, Singapur zu einem führenden Messestandort auszubauen. Es gibt zahlreiche Fachmessen, die nicht nur auf die singapurischen Unternehmen zugeschnitten sind, sondern vielmehr für den ganzen südostasiatischen Wirtschaftsraum von Bedeutung sind. Einen guten Überblick über Messen, Ausstellungen und Tagungen bietet der Singapore Conven-

tion and Exhibition Calendar an und auf deutscher Seite der Ausstellungs- und Messe-Ausschuss der Deutschen Wirtschaft (s. S. 142).

Das öffentliche Beschaffungswesen von Singapur ist eine wichtige Adresse, wenn es um einen geschäftlichen Kontakt bzw. ein Engagement geht. Singapur benötigt bzw. bezieht Waren und Güter aus nahezu allen Ländern; das Spektrum reicht von Rohstoffen bis hin zu Investitions- und Konsumgütern. Über Ausschreibungen insgesamt kann man sich auf der Webseite Government e-Business (GEBIZ) leicht und bequem informieren oder in Deutschland die Informationen durch die bfai-Datenbank „Ausschreibungen im Ausland" abfragen (s. S. 142).

Was die Marktanalyse anbelangt, ist zu sagen, dass einige professionelle Marktforschungsfirmen ihre Dienste anbieten, die nach den neuesten Methoden und Kenntnissen arbeiten. Da der Markt mit vielen Hindernissen wie der Vielsprachigkeit der Bevölkerung verbunden ist, betreiben viele Unternehmen daher auf eigene Faust nach ihren Interessen mit eigenen Experten eine Bestandsaufnahme als Marktforschung. Die Werbemaßnahmen hängen eng mit dem Medieneinsatz zusammen, wobei die Medien von der Regierung ständig kontrolliert werden. Jede Medienwerbung wie Direct Mail, Telemarketing, Call Center und E-Commerce ist möglich; es muss nur mit der offiziellen Linie konform gehen (s. S. 142).

Die Vertriebswege innerhalb Singapurs sind kurz und direkt. Hierzu sind die kleinen Firmen als Vertriebspartner besonders geeignet, da sie effektiv und effizient und häufig in einem bestimmten Bereich spezialisiert sind und zudem oft über sehr gute Marktkenntnisse verfügen. Eine interessante Tatsache ist, dass viele ausländische Unternehmen ihre Produkte über Singapur an andere südostasiatische Länder (besonders nach Malaysia oder Indonesien) liefern. Der Grund liegt darin, dass die Einfuhren zollfrei sind, und die Formalitäten für den Zwischenhandel über Singapur minimal sind, obwohl die Lagerkosten höher als die der Nachbarländer liegen.

Wichtige erste Informationen über die Marktforschung und Kontaktsuche sowie die Realisierung des Geschäfts vor Ort können bereits von Deutschland aus über das Internet eingeholt werden, und zwar durch die Vermittlung der Regierung in Singapur (s. S. 142).

Das Konsumentenverhalten: Die Konsumenten in Singapur besitzen eine sehr starke Kaufkraft aufgrund des zweithöchsten Pro-Kopf-Einkommens in Asien, und sie sind marken- und qualitätsorientiert, und sie sind insgesamt sehr anspruchsvoll. Daher wird allen Serviceleistungen eine besonders hohe Bedeutung beigemessen; der Service umfasst einfachen Kunden-, Garantie-, Liefer-, Wartungs- bzw. Reparaturservice bis zur kompletten After-Sales-Servicepalette, und zwar mit einem verlässlichen und zuverlässigen Kundenservicenetz mit 24-stündigem Einsatz. Die Servicearbeit vor Ort übergeben die meisten ausländischen Unternehmen den lokalen Unternehmen, besonders den chinesischen. Des Weiteren spielt die Kundenorientierung eine wichtige Rolle; beispielsweise sollten die Produkte nicht nur auf Englisch, sondern in allen amtlichen Sprachen Singapurs verfügbar sein. Denn die singapurischen Kunden wollen immer ausführlich informiert sein und als Kunde ernst genommen werden.

3.1.2 Personalsuche

Geht es um die Suche nach Personal, ist zunächst zu klären, ob es ein Geschäft für den Export nach Singapur ist. In diesem Fall ist es sinnvoll, entweder längerfristig einen ortsansässigen Repräsentanten zu suchen oder eine eigene Niederlassung mit einem Entsandten zu gründen. Wie auch entschieden wird, es ist von immenser Bedeutung, die stetigen und engen Kontakte dieses Personals mit dem Mutterhaus in Deutschland durch regelmäßige Besuche zu pflegen. Bei der Suche nach einem geeigneten singapurischen Vertreter ist es empfehlenswert, die Beratungsfirmen vor Ort zu konsultieren. Unter anderem steht hierzu das MoM (Ministry of Manpower) mit allen nötigen Informationen zu Verfügung. Vom gut ausgebildeten Facharbeiter bis zu hoch qualifizierten Führungskräften ist auf dem Arbeitsmarkt in Singapur alles vermittelbar; da diese zahlenmäßig zu wenig vorhanden sind, rekrutieren die Arbeitsvermittlungsbüros in Singapur auch Fachkräfte auf dem internationalen Arbeitsmarkt.

3.1.3 Vorbereitungen für die Verhandlungen

Generell ist es in Singapur nicht erforderlich, im geschäftlichen Umgang auf besondere Verhaltensstandards zu achten: Die ausgesprochen gut ausgebildeten, jungen Manager Singapurs sind mit dem westlichen Verhandlungsstil vertraut. Sie arbeiten sachlich, ziel- und ergebnisorientiert, effektiv und effizient im Hinblick auf den Zeit- und Finanzfaktor. Hierzu kombinieren sie je nach Herkunft des ausländischen Verhandlungspartners ihre jeweiligen kulturellen Besonderheiten wie höflichen Umgang miteinander, die Beachtung des Gesichtsprinzips oder die Zurückhaltung. Hier werden nur einige Beispiele gezeigt, was eventuell beachtet werden sollte:
Die Terminvereinbarung für die geschäftlichen Besuche sollte frühzei-

tig getroffen werden, und kurz vor dem Treffen sollte man möglichst
telefonisch den Termin nochmals ankündigen. Beim Meeting wird zunächst die Visitenkarte ausgetauscht, und dabei dem asiatischen Partner
der Familien- und der Vorname klar erkennbar mitgeteilt. Da die Singapurer je nach ethnischer Herkunft mehrere Vornamen besitzen, sollte
klar gemacht werden, wie man die asiatischen Gesprächspartner ansprechen sollte bzw. wie man sich selbst ansprechen lassen will. Die
vom singapurischen Gesprächspartner erhaltene Visitenkarte sollte man
nicht achtlos irgendwo hinlegen bzw. in eine Jackentasche stecken,
sondern zunächst einen Blick darauf werfen und kurz einen Smalltalk
halten. Hierbei sollte man darauf achten, dass in Singapur ein Gegenstand (wie eine Visitenkarte) immer mit beiden Händen überreicht und
empfangen wird. Die Visitenkarte wird vorsichtig gehandhabt, auch als
Zeichen des Respekts dem Visitenkarteninhaber gegenüber. In Singapur
ist Pünktlichkeit ein Muss bei den Geschäftsverhandlungsterminen.
Ob beim Argumentieren, beim Smalltalk oder bei der Präsentation sollte man bedenken, dass das Gesichtsprinzip in Singapur wichtig ist und
daher jegliche Situation mit einem möglichen Gesichtsverlust gemieden
werden sollte. Beim Argumentieren sollte beispielsweise ein direktes
bzw. offenes Widersprechen umgangen werden. Es ist auch ratsam, den
gerade sprechenden Partner in Anwesenheit eines Dritten nicht zu korrigieren. Bedeutet die Aussage des Gesprächspartners einen gravieren-
den Fehler oder entspricht sie einer schlichten Unwahrheit, dann sollte
ein klärendes Gespräch nur unter vier Augen behutsam und gefühlvoll
durchgeführt werden. Beim Smalltalk sollte man Komplimente diskret
äußern, da übertriebene Komplimente nach der traditionellen chinesischen Vorstellung ein Unglück hervorrufen können.
Bei allen Verhandlungs- bzw. Gesprächstreffen sollte man sich gelassen, ruhig und aufmerksam präsentieren: Zu viele Gesten und eine deut-
liche Mimik sowie eine laute Stimme verursachen Missverständnisse
bzw. Fehlinterpretationen (z. B. Ungeduld oder Zeitnot) oder wirken
störend auf die Gesprächsatmosphäre.
Bei Antworten der Singapurer sollte man bedenken, dass ein Ja vieles
oder nichts bedeuten kann; ein Ja muss situationsgerecht richtig interpretiert werden.
Im Umgang mit Chinesen sollte berücksichtigt werden, dass die Chinesen einen sehr stark geprägten Arbeitssinn als Berufsethos pflegen. Ihr
Lebensmotto lautet „fleißig arbeiten, Geld verdienen und stetig sparen".
Ein Beispiel zum Umgang der Chinesen mit Geld: Die Chinesen nehmen für Billigware auch einen langen Umweg in Kauf. Will ein Chinese nach Malaysia auf dem Landweg, ist es nicht zu vermeiden, die

Mautstraße zu benutzen. Aber es kostet einen Sondertarif von drei Singapur-Dollar für die Straßennutzung nach Malaysia, wenn man die Straße vor 9.30 Uhr benutzt (eine Verkehrsregelung wegen der Rushhour). Obwohl die Chinesen es sehr eilig haben, warten sie geduldig, um diesen Zuschlag zu umgehen und so 90 Singapur-Dollar monatlich sparen zu können. Dieses Verhalten grenzt fast an Geiz; aber die Chinesen meinen, ohne einen solchen sparsamen und bewussten Umgang mit Geld und mit dem Guthaben keinen Reichtum akkumulieren zu können. Sie meinen, dass es sich lohnt, so zu handeln. Denn die meisten Familien aus Singapur gehen nach Malaysia, um dort fürstlich (vor allem Meeresfrüchte) für wenig Geld zu essen und den Kofferraum voll einzukaufen.

3.1.4 Unterschiedliche Verhandlungsweise

Die Verhandlungskunst der Chinesen: Die Chinesen lächeln immer und sind freundlich vor dem Verhandlungspartner. Aber wenn sie ihnen den Rücken zudrehen, brechen sie die emotionale Bindung ab, vor allem dann, wenn es ums Geld geht. Dann sind sie nur noch sehr berechnend und rücksichtslos. Sie sind in der Verhandlung geschickt und als zähe Verhandlungspartner bekannt. Sie verhandeln unglaublich ausdauernd, beharrlich und spitzfindig. In der Anfangphase der Verhandlung sollte man besonders auf die überzogenen Forderungen der singapurischen Seite aufpassen; denn das ist auch einer der bekannten chinesischen Verhandlungstaktiken bzw. Strategien, um doch noch elegant, und von der anderen Seit unbemerkt, eigene Verhandlungsziele bei möglichst geringerem „Schein-Nachgeben" voll und ganz erreichen zu können. (vgl. Lee 2004, S. 102 ff). Bei Chinesen ist das Handeln und Feilschen um Vertragsbedingungen, Preise, Lieferbedingungen und andere Rahmenbedingungen (wie After-sales-Service, das Einarbeiten von Personal, die Weiterbildung vor Ort in Europa) die Regel. Sie erwarten auch von den ausländischen Verhandlungspartnern die gleiche Vorgehensweise, und daher bedienen sie sich aller Möglichkeiten der Verhandlungskunst: Sie nutzen auch in der Verhandlung die prekäre Lage des ausländischen Verhandlungspartners bedenkenlos aus, wenn sie   über deren Termindruck oder ein zwingendes Interesse am Geschäft wissen. Sie verbergen es auch nicht, wenn sie parallel mit anderen ausländischen Interessenten bzw. Konkurrenten verhandeln; sie benutzen diese Tatsache als Druckmittel, um dem Verhandlungspartner ihre Bedingungen zu diktieren. Sie üben auch keine Zurückhaltung, wenn es darum geht, unter einem Vorwand (wie dem Aufbau einer langjährigen Geschäftsbeziehung) weitere Zugeständnisse zu erpressen. Eine weitere Regel ist die Nachforderung bzw. Nachverhandlung nach dem abgeschlossenen Vertrag, besonders dann, wenn sie erfahren, wie sehr die ausländische Seite an dem zu verhandelnden Geschäft interessiert ist und wie wichtig der Erfolg für das gesamte Unternehmen der ausländischen Seite ist (vgl. Lee 1997. S. 89 ff).

Die Malaien achten auch im Geschäftsleben auf Höflichkeit und angenehme Umgangsformen wie Respekt, Achtung und Etikette sowie den Gemeinschaftssinn. Sie haben aufgrund ihrer religionsbedingten Auffassung vom Leben ein ambivalentes Verhältnis zum Streben nach Wohlstand, Macht oder Prestige. Sie sehen darin auch eine Gefahr, dass dies zu eigensüchtigen Interessen, Profitmaximierungen oder zu reinem Materialismus entarten könnte. Aber sie schätzen doch Selbstachtung, Fleiß und harte Arbeit.

Steht an der Spitze des singapurischen Unternehmens, mit dem man zu verhandeln hat, ein autoritärer Unternehmer bzw. Verhandlungsleiter, sollte man davon ausgehen, dass dieses Unternehmen einen zügigen Entscheidungsprozess bevorzugt.

Beim Verhandlungstreffen sollte man auf diejenigen Verhandlungsmitglieder bzw. die Verhandlungsspitze achten, die im Ausland studiert bzw. ihre beruflichen Erfahrungen im Ausland gesammelt hat. Unterschätzen sollte man auch nicht die anwesenden weiblichen Fach- bzw. Führungskräfte. Sie sind alle selbstbewusst, faktenorientiert, nüchtern, entscheidungsfreudig, zielstrebig, ergebnisorientiert, und sie verlangen klare Standpunkte, und sie arbeiten zielgerichtet. Aber sie sind im Verhalten eher ruhig, unscheinbar, verschwiegen, zuhörend, diplomatisch und höflich. Hierzu ist die CEO, Frau Ho Ching, von der Staatsholding der Singapurer Investitionsgesellschaft Temasek Holdings Ltd. als ein Paradebeispiel zu nennen. Sie ist Ingenieurin mit einem Stanford-Abschluss, und sie bevorzugt den subtilen Ton, einen leisen Auftritt und eine richtungweisende, faktenorientierte Lenkung: Seit 2002 übernahm sie die Holding und steuert sie mit ruhiger Hand, aber mit klaren und zielorientierten Konzepten und mit wachsenden, sichtbaren Erfolgen. In dieser Holding ist Singapore Airlines (eine der größten Fluggesellschaften der Welt), Singapore Telecommunications (die größte Telefongesellschaft Südostasiens) und PSA (ein Hafenbetreiber in Singapur) zu finden, und die Vermögenswerte der Holding werden auf 103 Milliarden Singapur-Dollar (ca. 52 Milliarden Euro) geschätzt. Frau Ho wurde vom Wirtschaftsmagazin „Forbes" zur Nummer 30 auf der Liste der mächtigsten Frauen der Welt 2006 gewählt.

4 Arbeiten und Leben als Expat

4.1 Mitarbeiterführung im Unternehmen

Als Führungskraft sollte man sich beim Umgang mit Singapurer Mitarbeitern eines merken, dass sie trotz ihrer westlichen Ausbildung im Denken oft in traditionellen asiatischen Werten verwurzelt sind. Beispielsweise äußern sie ihre Meinung nicht gerade heraus und zögern, besonders dann, wenn ihre Meinung der des Chefs widerspricht. Ebenso tun sie sich mit Kritik bzw. kritischen Auseinandersetzungen nicht leicht, wenn ihr Chef eine falsche Politik betreibt oder ein unlogisches Argument präsentiert.

Es gibt einige zu berücksichtigende Besonderheiten in Bezug auf die Religionen oder ethnische Zugehörigkeiten. Zwar wissen die singapurischen Mitarbeiter zwischen beruflichen und privaten Angelegenheiten ohne Weiteres klar zu trennen. Aber sie zeigen ein stark ausgeprägtes Nationalgefühl, das nicht verletzt werden sollte. Es ist auch zu beobachten, dass die Mitarbeiter in einem Betrieb eigene Cliquen nach ethnischen oder anderen Aspekten bilden – sogar unter den Chinesen (je nach Religionszugehörigkeit). Die ausländischen Fach- bzw. Führungskräfte sollten sich nicht einmischen und diplomatisch reagieren.

Als besonders wichtig gilt es, dass die Führungskräfte, die gut ausgebildeten, motivierten und interessierten Arbeitnehmer mit angemessenen Aufgaben versorgen und ihnen den nötigen Handlungsspielraum gewähren. In Singapur existiert faktisch die Gleichheit zwischen Mann und Frau, d. h. die gleiche Arbeit von Mann und Frau für gleichen Lohn bzw. gleiche Gehälter.

Im Umgang mit chinesischen Mitarbeitern sollte man niemals sich ihnen zornig oder verärgert zeigen, ansonsten folgt daraus oft ein unverzeihlicher Schaden.

4.2 Dasein als Expat

Dass die Zeit, in der ein Auslandseinsatz als karrierefördernder Faktor geschätzt war, vorbei ist und die exklusive Bedeutung eines Auslandseinsatzes verblasst, ist heute offensichtlich; der Auslandseinsatz wird immer mehr als ein normaler Arbeitsvorgang wahrgenommen. Daher geben die Unternehmen keine Garantie (zumeist mündlich angedeutet, aber ohne schriftliche Zusage) in Bezug auf die Karriereplanung, besonders nach der Rückkehr in die Zentrale. Der Auslandseinsatz sollte daher als eine Gelegenheit zur Erweiterung des eigenen Horizonts, der beruflichen Erfahrungen (besonders der Managementerfahrung) und interkultureller und sozialer Kompetenzen betrachtet werden. Oft ist nämlich ein Auslandeinsatz mit weit größeren Verantwortungsgebieten, Entscheidungsbefugnissen und Aufgaben als zu Hause in der Zentrale verbunden. Der Auslandsaufenthalt ist auch von persönlichen Risiken (wie Unfall, Krankheiten, Ehescheidung, Karrierebruch) nicht frei. Dennoch wird dieser Schritt generell von der Unternehmensseite als eine persönliche Entscheidung betrachtet.

Der Einsatzort Singapur bedeutet für die meisten Expats zudem, dass man die Verantwortung für die Region zu übernehmen hat, d. h. für Südostasien insgesamt und oft dazu Australien und eventuell auch Indien. Das impliziert ein enormes Pensum an Arbeit und häufige Dienstreisen.

Was die Vergütung für den Einsatz in Singapur betrifft, ist grundsätzlich zu sagen, dass die europäischen Unternehmen mittlerweile darauf achten, dass die Verträge der Entsandten (Expats bzw. Expatriates) nicht sehr überdurchschnittlich ausgestattet werden. Es gibt keinen besonderen Luxus mehr (nur für die Manager den Dienstwagen ohne Fahrer) und auch keine Gelegenheit für außergewöhnlich hohe Gehälter und einen großen Reichtum. Was nach wie vor von den meisten Unternehmen übernommen wird, sind die allgemein bekannten Kosten, d. h. Versicherungskosten (für Krankenversicherung, Rentenbeiträge und andere Versicherungen), die Kosten für die Schulbildung von Kindern (Kindergartenbeitrag, Kinder- und Schulgeld) und der Ausgleich für die hohe Miete sowie die Auslandszulage.

Die Arbeitserlaubnis für den Ehepartner zu bekommen ist mit einigen Einschränkungen (wie beim Arzt- oder Anwaltsberuf) leichter als in anderen asiatischen Ländern möglich. Aufgrund der niedrigen Gehälter arbeiten jedoch nur wenige Ehepartner von europäischen Expats in Singapur.

Während der Einsatzzeit in Singapur wird aus persönlicher Sicht des Managers das Erhalten des familiären Zusammenhaltes das wichtigste sein, wogegen aus der beruflichen Perspektive das Aufrechthalten des Kontaktnetzes zur Zentrale ein besonderes Gewicht bekommen wird.

Literaturhinweise und Kontaktadressen

4.3 Indonesien

4.3.1 Literaturhinweise:

Bfai (Bundesagentur für Außenwirtschaft – www.bfai.de)
- Reihe „Markt in Kürze":
- Kfz und Kfz-Teile
- Nahrungsmittel- und Verpackungsmaschinen
- Kunststoff- und Gummimaschinen
- Holzbearbeitungsmaschinen
- Sicherheitstechnik
- Umwelttechnik
- Wassermanagement und Wassertechnik
- Geschäftspraxis
- Geschäftskontakte
- Wirtschaftsklima
- Regionen und Sektoren
- Marktanalysen
- Recht, Einfuhren, Zoll
- Dokumente (Wirtschaftsentwicklung, Branchen)
- Nichttarifäre Handelshemmnisse
- Steuern und Zölle
- Wirtschaftsrecht

Dufner, Wolfram: An der Straße von Malakka, 2005
Houben, Vincentius J. H.; Henkel, Steffen, Ruppert Claudia: Cultural dynamics of German business co-operation with Indonesia and Singapore, 2003
Lamoureux, Florece: Indonesia, 2003
Lee, Sung-Hee: Asiengeschäfte mit Erfolg – Leitfaden und Checklisten, 1997

Lee, Sung-Hee: Interkulturelles Asienmanagement – China Hongkong, 2004

Kiese, Matthias: Regionale Innovationspotentiale und innovative Netzwerke in Südostasien, 2004

Taylor, Jean. G.: Indonesia 2003

4.3.2 Kontaktadressen:

www.jakarta.so.id: Official Website of DKI Jakarta Province Indonesia
www.indonesiainfrastructure.com: „2. Infrastructure Summit" der Indoniens Regierung
www.io.com/ekonid: Deutsch-indonesische Industrie- und Handelskammer
www.jakarta.diplo.de: Deutsche Botschaft Jakarta
www.germancentre.co.id: German Centre Indonesia (Deutsches Industrie- und Handelszentrum)

4.4 Malaysia

4.4.1 Literaturhinweise

Bfai (Bundesagentur für Außenwirtschaft – www.bfai.de)
* Reihe „Markt in Kürze":
* Baumaschinen und Baustoffe
* Kfz und Kfz-Teile
* Kunststoff- und Gummimaschinen
* Holzbearbeitungsmaschinen
* Wassermanagement und Wassertechnik
* Geschäftspraxis
* Geschäftskontakte
* Wirtschaftsklima
* Regionen und Sektoren
* Marktanalysen
* Recht, Einfuhren, Zoll
* Dokumente (Wirtschaftsrecht)

Dufner, Wolfram; An der Straße von Malakka, 2005
Flath, Jörg: Zusammenarbeit von entsandten und lokalen Mitarbeitern in Malaysia, 2002

Frommer, Robin Daniel: Malaysia, Singapur, Brunei, 2005

Glosauer Christian: Malaysia – Tipps für die Praxis, 2003

Kiese, Matthias: Regionale Innovationspotentiale und innovative Netzwerke in Südostasien, 2004

Lee, Sung-Hee: Asiengeschäfte mit Erfolg – Leitfaden und Checklisten, 1997

Lee, Sung-Hee: Interkulturelles Asienmanagement – China Hongkong, 2004

4.4.2 Kontaktadressen:

www.mida.gov.my: MIDA (Malaysian Industry Development Authority)

www.dpmm.org.my, www.acccim.org.my, www.klsicci.com.my Handelskammern für die drei wichtigen ethnischen Bevölkerungsteile (Malaien, Chinesen, Inder)

www.micci.com.my, www.micci.com: MICCI (Malaysian International Chamber of Commerce and Industry)

www.jcorp.com.my: Johor Corporation

www.pdc.gov.my: Penang Development Corporation

www.deginvest.de: DEG (Deutsche Finanzierungsgesellschaft für Beteiligungen in Entwicklungsländern)

www.gtz.de: Deutsche Gesellschaft für Technische Zusammenarbeit

www.germanbusinesspool.com: German Business Pool

www.mgcc.com.my: (Deutsch-Malaysische Industrie- und Handelskammer – Malaysian-German Chamber of Commerce and Industry)

4.5 Singapur

4.5.1 Literaturhinweise:

Bfai (Bundesagentur für Außenwirtschaft – www.bfai.de)
- Reihe „Markt in Kürze":
- Kfz und Kfz-Teile
- Wassermanagement und Wassertechnik
- Geschäftspraxis
- Geschäftskontakte
- Wirtschaftsklima
- Marktanalysen

- Dokumente (Wirtschaftsrecht)
- Exportieren nach Singapur, 2004

Dufner, Wolfram: An der Straße von Malakka, 2005
Frommer, Robin Daniel: Malaysia, Singapur, Brunei, 2005
Houber, Vincentius J.H.; Henkel, Steffen, Ruppert Claudia: Cultural dynamics of German business co-operation with Indonesia and Singapore, 2003
Höflinger, Oliver: Exportieren nach Singapur, 2004
Lee, Sung-Hee: Asiengeschäfte mit Erfolg – Leitfaden und Checklisten, 1997
Lee, Sung-Hee: Interkulturelles Asienmanagement – China Hongkong, 2004
Kiese, Matthias: Regionale Innovationspotentiale und innovative Netz werke in Südostasien, 2004
Majumder, Sonja: Singapur – Staat, Wirtschaft und Gesellschaft (Teil 1), 2003
Südostasien aktuell: Institut für Asienkunde Hamburg
Wolfgramm, Rainer; Wollrafen, Katha: Singapur, 2003

4.5.2 Kontaktadressen:

www.gov.sg: offizielle Übersicht – die Webseite der singapurischen Regierung
www.sgdi.gov.sg: Behördenübersicht
www.mom.gov.sg/MOM/CDA: Arbeitsmarkt
www.singaporeeverything.com: Allgemeine Information über Singapur
www.sccci.org.sg: Singapore Chinese Chamber of Commerce & Industry
www.sicci.org.sg: Singapore Indian Chamber of Commerce and Industry
www.sicc.org.sg: Singapore International Chamber of Commerce & Industry
www.asme.org.sg/main.html: ASME e-Biz Center
www.meet-in-singapore.com.sg: Singapore Convention and Exhibition Calendar
www.gebiz.gov.sg: Government e-Business (GeBIZ)
www.4as.org.sg/rates.php: Werbung im Internet in Singapur
www.asia1.com.sg und www.today.online.com: Werbung in Printmedien

www.tradenet.gov.sg: Einfuhrvorschriften, Abwicklung über elektronisches Trade Net

www.germancentre.com: German Centre for Industry and Trade

www.sgc.org.sg: Deutsche-Singapurische Industrie- und Handelskammer

www.dihk.com.sg: Delegierter der Deutschen Wirtschaft

www.auma.de: Ausstellungs- und Messe-Ausschuss der Deutschen Wirtschaft e. V. (AUMA)

www.bfai.com: bfai-Datenbank „Ausschreibungen im Ausland

www.sigapur.diplo.de: Deutsche Botschaft Singapur

www.germanschool.edu.sg: Deutsche Schule

www.germanclub.org.sg: Deutscher Club

Sachregister

Die Abkürzungen vor den Stichwörtern bedeuten:
A: Außenwirtschaftspolitik – B: Bevölkerung – G: Geste – K: Kommunikation – M: Malaysia – N: Nicht mögen – P: Philosophien – R: Religion – U: Unternehmen – V: Verhalten – W: Wirtschaft

expert verlag®

Erlesene Weiterbildung®

Dr. Sung-Hee Lee

Interkulturelles Asienmanagement China – Hongkong

Ein Ratgeber aus der Praxis für die Praxis

2. Aufl. 2006, 165 S., € 19,80, CHF 34,80
expert taschenbücher, 88
ISBN 3-8169-2594-4

Zum Buch:
Die Anbahnung und der Abschluss von Geschäften sind oft aus Unkenntnis oder Missachtung der in China bzw. Hongkong geltenden geschäftlichen Sitten und Normen zum Scheitern verurteilt.
Das Buch erläutert europäischen Investoren und Managern die einzelnen Schritte für geschäftliche Vorhaben in China und Hongkong und zeigt auf, was aus interkultureller Sicht zu beachten ist. Es ist ein Ratgeber und Leitfaden für das interkulturelle Management und dient als Arbeitsgrundlage für China- und Hongkong-Geschäfte.

Inhalt:
Die chinesische Mentalität und die regionalen Unterschiede – Die soziokulturelle Wertstruktur in China – Die Grundlagen des geschäftlichen Handelns der Chinesen – Die chinesische Kommunikationstradition – Der Umgang mit chinesischen Entscheidungsträgern, Kunden und Lieferanten – Die Strategien und Taktiken für die Verhandlungsführung mit Chinesen – Die Auswahl und Entwicklung des chinesischen Personals – Das Führungsverhalten und die Unternehmensführung

Die Interessenten:
– Unternehmen, die ein Joint Venture mit einem chinesischen Partner beabsichtigen oder eine Tochterfirma gründen oder eine Zusammenarbeit mit chinesischen Lieferanten planen oder ein eigenes Vertriebsnetz mit Produktionsstätten aufbauen wollen
– Fach- und Führungskräfte aus dem Bereich F&E, Export, Import, Kundenservice, Vertrieb, Marketing und Produktion sowie Länderreferenten aus öffentlichen Institutionen

»Praxisorientiert und sehr detailliert geht die Autorin auf kulturelle Besonderheiten und kommunikative Eigenheiten in den jeweiligen Ländern ein. Der Ratgeber erläutert die einzelnen Schritte der geschäftlichen Vorhaben und zeigt auf, was aus interkultureller Sichr zu beachten ist.«
AUMA_Compact

»Beachtenswert sind die Erfahrungen der Autorin aus der internationalen Wirtschaftspraxis sowie ihrer Lehr- und Beratertätigkeit im interkulturellen Asienmanagement, wobei sie jahrzehntelange Aufenthalte in Ländern Europas einerseits und Asiens andererseits aufweisen kann, die ihr in Theorie und Praxis Einblicke in die Thematik ermöglichten. Beide Bücher werden dem Anspruch gerecht, einen ersten Einblick in das interkulturelle Asienmanagement zu vermitteln, und können somit als Arbeitsgrundlage für eine Geschäftstätigkeit im Hinblick auf die interkulturellen Aspekte verwendet werden.«
ASIEN

expert verlag GmbH · Postfach 2020 · D-71268 Renningen

expert Verlag®
Erlesene Weiterbildung®

Dr. Sung-Hee Lee

Interkulturelles Asienmanagement
Japan – Korea

Ein Ratgeber aus der Praxis für die Praxis

2004, 167 S., € 22,00, CHF 38,60
expert taschenbücher, 77
ISBN 3-8169-2391-7

Aufgrund des immens wachsenden Drucks im Rahmen der Globalisierung und Internationalisierung und der immer knapper werdenden qualifizierten Arbeitsplätze vor Ort fordert der Weltmarkt eine uneingeschränkte Mobilität und Flexibilität von Fach- und Führungskräften und von Unternehmen.
Dieses Buch dient europäischen Unternehmen als Wegweiser, Ratgeber und Leitfaden auf dem Weg nach Japan und Südkorea und ist auch für asiatische Unternehmen eine Hilfe, die sich in Europa niederlassen möchten. Der Schwerpunkt liegt auf den interkulturellen Management-Grundlagen für die beiden Länder Japan und Südkorea.

Inhalt:
Erfolgreiche geschäftliche Möglichkeiten zum Einstieg in den japanischen und koreanischen Markt mit Hinweisen zur Mentalität, Kundenstruktur, Unternehmensführung sowie zur Kooperationskultur zwischen unterschiedlichen Firmen in Japan und Korea – Hinweise und Ratschläge für europäische Mitarbeiter und Führungskräfte zur Arbeit und zum beruflichen Aufstieg in einer europäischen Niederlassung eines japanischen bzw. koreanischen Konzerns – Empfehlungen für die Integration von asiatischen Fachleuten in einen internationalen Konzern in Europa

Die Interessenten:
- Europäische Unternehmen, die ein Joint Venture, eine Tochterfirma, eine Kooperation oder ein eigenes Vertriebsnetz mit Produktionsstätten in Japan bzw. in Korea planen
- Fach- und Führungskräfte in allen Unternehmensbereichen, die in einem asiatischen Konzern arbeiten bzw. arbeiten wollen
- Europäische Unternehmen, die ihre asiatischen Mitarbeiter in der Europazentrale ausbilden bzw. dies beabsichtigen

Fordern Sie unser Verlagsverzeichnis auf CD-ROM an!
Telefon: (0 71 59) 92 65- 0, Telefax: (0 71 59) 92 65-20
E-Mail: expert@expertverlag.de
Internet: www.expertverlag.de

expert verlag GmbH · Postfach 2020 · D-71268 Renningen